MON PÈRE, L'ARAMÉEN ERRANT

Javier Teixidor

MON PÈRE, L'ARAMÉEN ERRANT

Commentaire libre
d'un texte biblique fameux

Albin Michel

22, rue Huyghens, 75014 Paris

www.albin-michel.fr

ISBN : 2-226-13763-7

Préface

Dans le Deutéronome, le cinquième livre de la Torah, consacré à l'enseignement de la loi juive, on trouve une référence brève, mais claire, à l'origine et à l'histoire du peuple hébreu ; le verset 26, 5-9 dit qu'au moment où les Hébreux allaient chez le prêtre pour offrir, dans une hotte, les prémices du sol, ils devaient réciter : « Mon père était un Araméen errant. Il est descendu en Égypte, où il a vécu en émigré avec le petit nombre de gens qui l'accompagnaient. Là, il était devenu une nation grande, puissante et nombreuse. Mais les Égyptiens nous ont maltraités, ils nous ont mis dans la pauvreté, ils nous ont imposé une dure servitude. Alors, nous avons crié vers le Seigneur, le Dieu de nos pères... Le Seigneur nous a fait sortir d'Égypte par sa main forte et son bras étendu, par une grande terreur, par des signes et des prodiges ; il nous a fait arriver dans ce lieu, et il nous a donné ce pays, un pays ruisselant de lait et de miel. » Il y a là un dynamisme évident. C'est le résumé d'un parcours accompli dans un espace dont on peut établir les contours, mais à des époques qui ne se laissent pas définir facilement.

L'histoire des Hébreux, telle que nous la racontent les livres bibliques, peut être résumée en six grandes périodes. La première est celle qui va de la création du monde jusqu'à Jacob et ses enfants qui restent en Égypte. Le séjour des Hébreux en Égypte, l'oppression qu'ils subissent de la part des Égyptiens et leur marche vers la Terre promise à travers le désert constituent la deuxième période. À la troisième période appartiennent l'arrivée à la Terre promise et sa conquête, l'époque des juges, puis la monarchie avec Saul, David et Salomon. Jusque-là, nous sommes à la limite de la fiction. À la quatrième période, nous trouvons deux événements historiques : l'expédition du pharaon Sheshonq, fondateur de la XXIIe dynastie, contre Juda et Israël et la fondation de la dynastie d'Omri à Samarie. L'histoire proprement dite commence donc avec les deux royaumes, Israël, avec Samarie comme capitale, et Juda, avec Jérusalem. Ce sont deux États araméens comme d'autres États contemporains de l'Asie occidentale présentant des caractéristiques religieuses, linguistiques et sociales qui marqueront leur originalité vis-à-vis des États syriens. En 722 avant notre ère, Samarie est conquise par Salmanasar V d'Assyrie et, en 587, Jérusalem est prise par Nabuchodonosor II. Juda a donc survécu à Israël cent trente-cinq ans. Une nouvelle période – la cinquième – commence avec l'exil à Babylone. La dernière période correspond à l'arrivée de Cyrus en Mésopotamie et en Syrie, ce qui permet le retour des exilés hébreux en Palestine.

Le passage du Deutéronome que j'ai cité fait référence aux événements légendaires des trois premières périodes, ce qui ne veut pas dire qu'il soit dépourvu de valeur pour l'historien de l'Orient sémite ancien. Ces épisodes, décrits avec une grande abondance de détails dans le Pentateuque et le livre de Josué, ont une importance spéciale due à leur caractère institutionnel, qui prime sur la question de l'époque de leur composition. Ce n'est qu'en enlevant au texte du Deutéronome les contraintes qu'imposerait une interprétation historique des événements mentionnés qu'il acquiert sa vraie dimension, celle d'une épopée des patriarches bibliques. La Genèse, le premier livre de la Torah, raconte par le menu cette épopée.

Dans une liste imaginaire de textes fondateurs de la culture née entre l'Asie occidentale et le détroit de Gibraltar, le livre de la Genèse peut prendre place aux côtés de l'épopée de Gilgamesh, l'*Iliade* et l'*Odyssée*, les dialogues de Platon, la philosophie d'Aristote, les historiens grecs, la poésie de Virgile, les écrits d'Augustin d'Hippone ou la *Divine Comédie*. Mais on lit rarement la Genèse comme un texte littéraire qui invite à une réflexion détendue, laïque, sur une société sémite qui habitait une vaste terre sans frontières plusieurs siècles avant le commencement de notre ère. Le livre a une double dimension. L'histoire du peuple juif ne commence qu'au chapitre 12 où il est question de la vocation d'Abraham. Les onze premiers chapitres doivent être considérés comme le préambule à cette histoire particulière juive. Ces chapitres sont l'abrégé d'une proto-histoire de l'humanité, c'est-à-dire l'apparition de l'homme sur la terre et la chute d'un état de bonheur occasionnée par une faute commise, faute qui serait à l'origine des futurs malheurs de l'homme, mais aussi de ses découvertes. Plus tard, Yahvé, comme il arriva aux dieux de la Mésopotamie, se repentit d'avoir créé l'homme et voulut l'effacer de la terre par un déluge. Ceux que le déluge épargna commencèrent à peupler la terre et le texte décrit au chapitre 10 l'ampleur géographique de leur habitat, une variété de peuples et de gens qui ne pouvait aboutir qu'à la multiplication des langues. Dans le chapitre 11, l'épisode de la tour de Babel finit avec l'affirmation que « Yahvé confondit le langage de tous les habitants de la terre et c'est de là qu'il les dispersa sur toute la face de la terre ». Le verset 11 de ce chapitre établit la descendance de Sem et, enfin, l'horizon se réduit jusqu'à ne montrer que la famille d'Abraham. Le chapitre 12 commence de manière abrupte avec la vocation du patriarche. Même si l'on nous assure que la mission d'Abraham concerne toutes les nations de la terre, c'est de fait l'histoire d'un seul peuple qui commence.

Introduction

Le livre du Deutéronome (26, 5-9) offre un raccourci frappant de l'histoire des Hébreux. Cette réflexion à haute voix sur leurs origines, dans un contexte liturgique, devient pour les Hébreux une sorte de credo historique, « historique » dans le sens qu'il éclaire le passé sans s'attarder, bien entendu, sur la véracité des faits. Ce credo, clairement composé de trois éléments : errance, séjour en Égypte, installation dans le pays d'autrui, cache une dynamique bien précise, celle des tribus qui, de semi-nomades, deviennent sédentaires. Au XIVe siècle de notre ère, Ibn Khaldoun dans son livre *Muqaddima* qui est un « Discours sur l'Histoire universelle », a bien décrit ce processus qui lui paraît inévitable dans l'histoire sociale du Proche-Orient. L'historien arabe dit des gens du désert que leur genre de vie naturel est l'agriculture et l'élevage, donc une forme de semi-nomadisme, mais il ajoute que le nomadisme, même le plus primitif, est un premier état nécessaire à la civilisation : « Si l'on enquête sur l'origine des habitants d'une ville donnée, on a la preuve que les Bédouins ont précédé les sédentaires[1]. »

Les trois éléments de ce credo se prêtent à diverses interprétations, mais c'est le dynamisme interne du texte qui m'intéresse ici. L'importance que l'on attache à cette sorte de profession de foi oblige à réfléchir sur le livre du Deutéronome et sur certains aspects fondamentaux de l'histoire de ces Hébreux que la langue et la religion ont individualisés à l'intérieur du monde araméen[2]. Je ne veux bâtir autour des versets de ce texte liturgique aucune théorie sur la manière dont les cinq livres de la Torah (Pentateuque) ont été conçus et écrits[3]. Comme simple lecteur du livre de la Genèse, je découvre que les patriarches bibliques, protagonistes du premier élément du

1. IBN KHALDOUN, *Muqaddima*, trad. V. Monteil, Paris, Sindbad, 1967-1968, chap. ii, pp. 188-190.

2. Cela a été également le cas d'autres peuples, par exemple les Édomites au sud de la Palestine, ou le royaume de Sam'al au nord-ouest de la Syrie, à la frontière du monde néo-hittite, deux des peuples qui se manifestent comme des unités historiques indépendantes.

3. Voir par exemple R. N. WHYBRAY, *The Making of the Pentateuch,* JSOT, Suppl. Ser. 53, Sheffield Academic Press, 1987, pp. 40, 176.

credo deutéronomique, y sont décrits comme des Araméens, placés dans un contexte géographique précis, la très ancienne Harrân (au sud-est de la Turquie), l'un des foyers des Araméens, et Canaan, sur le littoral méditerranéen. D'autre part, le deuxième élément du credo, le séjour en Égypte, me paraît refléter l'un des moments les plus importants de l'histoire des Araméens au Ier millénaire, une période de création religieuse et littéraire en terre égyptienne qui peut être mise en parallèle avec celle qu'Israélites et Judéens vécurent en Mésopotamie pendant l'exil, quand ils furent en contact avec Babylone et le monde perse. Le credo du Deutéronome me laisse comprendre comment les anciens intellectuels juifs se sont représenté le parcours suivi par la population araméenne qui deviendra le peuple juif à partir de l'époque post-exilique, car c'est alors seulement qu'apparaît la nouvelle communauté religieuse qui allait marquer l'histoire de l'Occident. Elias Bickerman a bien écrit que la prière « Souviens-toi de moi, mon Dieu, pour mon bonheur », avec laquelle Néhémie clôt son livre, signale, et cela avant la révolte des Maccabées, le commencement du judaïsme postbiblique.

Les Araméens

La geste des patriarches a été conçue par l'auteur du livre de la Genèse dans un milieu amorite/araméen. Elle est aujourd'hui mieux comprise grâce d'abord à des documents concernant la société amorite de la steppe syrienne où l'activité pastorale et la vie urbaine ont eu une influence réciproque, ensuite par des éléments de la préhistoire araméenne glanés ici et là dans la lexicographie, l'onomastique et la toponymie des textes ouest-sémitiques du Ier millénaire avant notre ère. À travers les Amorites et la préhistoire des Araméens, on peut mieux comprendre ce qu'il y a d'historique dans les traditions tribales dont font état les épisodes de la Genèse.

Tout au long du IIe millénaire avant notre ère, les textes révèlent l'existence de confédérations tribales appelées Amurru/Amorites dans lesquelles se profile un mode de vie semi-nomade qui contraste avec celui du citoyen habitant la Mésopotamie ou les villes de la côte, mais ce clivage social disparaît parfois selon les époques et les régions. Les Amorites sont peut-être originaires du nord de la steppe syrienne où ils nomadisaient, mais on ne peut pas exclure qu'ils aient été aussi des paysans dans les vallées du moyen Euphrate. Ces tribus semi-nomades ne sont certes pas de simples bandes de pillards, d'autant qu'elles peuvent constituer une force politique organisée avec laquelle les autres, les sédentarisés des grandes villes, doivent composer. Elles représentent l'une des sociétés les mieux connues du Proche-Orient où elles développèrent une forte organisation sociale en dehors des centres urbains : mieux vaut peut-être les voir comme une société para-urbaine avec des tendances anti-urbaines[1]. Ces confédérations tribales ne sont pas des entités amorphes et le fait que leurs membres acceptent une forme de groupement montre déjà l'existence d'une certaine structure étatique. Dans la première partie du IIe millénaire, la plupart des royaumes sont gouvernés par des dynasties amorites, comme c'est le cas à Babylone et à Mari, sur l'Euphrate. Mari d'ailleurs fournit l'essentiel de la documentation sur ces dynasties.

Le moyen Euphrate est une zone aride dans laquelle l'agriculture n'est possible que

1. G. BUCCELLATI, « Amorites », dans *The Oxford Encyclopedia of Archaeology in the Near East*, Oxford, Oxford University Press, 1997, vol. I, p. 107.

par l'irrigation. La steppe syrienne pouvait être exploitée grâce à un réseau de canaux et de puits, et les paysans des vallées en profitèrent pour élargir leur habitat sans développer pourtant de vrais centres urbains ; ils furent tout de même en contact avec les villes de la plaine de l'Oronte jusqu'aux plaines du Habour. Les gens qui se sont établis le long de l'Euphrate ou dans la partie orientale de la Mésopotamie sont des éleveurs que les besoins de leurs troupeaux forcent à une transhumance de groupe. Tous ces gens ont gardé une très forte conscience tribale, très vraisemblablement pour des raisons religieuses et pour assurer le culte des Ancêtres[1].

La zone d'établissement amorite correspond à peu près à celle où nous trouverons les Araméens à partir de la fin du IIe millénaire avant notre ère. À l'intérieur de ce grand peuple des Amorites on trouve d'importants groupes, les proto-araméens, qui apparaissent de manière stable au XIVe et XIIIe siècles dans toute l'aire syro-palestinienne. Ils ont reçu divers noms en égyptien et en akkadien ; à cette époque, les termes Ahlamû et Sutû

1. J.-M. DURAND, « Le mythologème du combat entre le Dieu de l'Orage et la Mer », MARI 7, 1993, pp. 41-70 ; p. 47.

qui les décrivent se confondent. Les Sutéens constituaient des bandes peu sédentarisées et souvent dangereuses. Les Ahlamû semblent s'être rapprochés des Hittites au moment où l'Empire hittite commença à s'imposer comme l'une des principales forces politiques du Proche-Orient. De fait, sous le roi hittite Suppiluliumas Ier (1380-1336), la Syrie du Nord passa sous le contrôle des Hittites, la région orientale étant progressivement disputée par les Assyriens. Vers la fin du XIIe siècle avant notre ère, apparaît la première mention des « Araméens » comme entité ethnique : elle se trouve dans un texte de la quatrième année du roi assyrien Téglath-Phalasar Ier (1114-1076) :

« En me confiant en Assur mon Seigneur, je pris mes chars et mes guerriers et je m'engageai dans le désert. J'allai chez les Ahlamû Armayû, ennemis d'Assur mon Seigneur. En un seul jour je razziai du pays de Suhu à la ville de Karkemish du pays de Hatti ; je leur infligeai une défaite ; j'en ramenai des prisonniers, des biens et possessions sans nombre. Le reste de leurs troupes avait fui devant les armes furieuses d'Assur mon Seigneur et avait franchi l'Euphrate, je franchis l'Euphrate derrière eux sur des flotteurs de cuir ; je conquis, je livrai aux flammes, je détruisis et je démolis six de leurs villages sis au pied du mont Bishri ; j'en emmenai des prisonniers, des biens et possessions en ma ville d'Assur[1]. »

C'est dans les deux derniers siècles du IIe millénaire que ces Armayu/Araméens semi-nomades auraient acquis leur propre langue à partir de l'amorite parlé dans ces régions. Le djebel Bishri, au centre de la steppe syrienne, a en effet pu héberger de bonne heure une concentration importante de semi-nomades amorites. L'oasis de Palmyre a certainement été en mesure de fournir depuis toujours un point d'étape essentiel pour les migrations des semi-nomades et de leurs troupeaux depuis l'Euphrate jusqu'à la région entre l'Oronte et la Méditerranée. La présence de puits et de salines fournissait à ces habitants et à leurs troupeaux les deux compléments indispensables que sont l'eau et le sel[2]. Aucune indication explicite n'est fournie dans les textes de Mari sur le statut politique de l'oasis : Palmyre est en dehors de sa zone d'influence et, du côté occidental, elle n'est pas non plus sous le contrôle de Qatna,

---

1. J. BRIEND et M.-J. SEUX, *Textes du Proche-Orient ancien et histoire d'Israël*, Paris, Cerf, pp. 70-71.

2. F. JOANNÈS, « Palmyre et les routes du désert au début du deuxième millénaire av. J.-C. », MARI 8, 1997, pp. 393-415 ; p. 395.

non loin de l'actuelle Homs : Palmyre sert de frontière entre les deux États.

Pendant les mille ans qui précèdent l'apparition du christianisme et la naissance de l'Empire byzantin, les Araméens sont des acteurs prééminents dans l'histoire politique et culturelle du Proche-Orient. En Mésopotamie, au nord de la Syrie, autour d'Alep et de Damas, dans l'Anti-Liban, en Palestine, en Transjordanie, les modestes noyaux araméens acquirent une identité bien définie par rapport aux villes côtières. Sur la frange occidentale de l'Asie, on peut distinguer non pas seulement deux langues sémitiques, l'araméen dans l'intérieur et le phénicien sur la côte, mais aussi deux cultures dont les échanges durent être fréquents sans que l'on puisse toujours préciser leur domaine respectif. Le cadre géographique à l'intérieur duquel vivent les Araméens est limité au nord par l'Amanus et les montagnes du Taurus, à l'ouest par la Méditerranée, à l'est par le Kurdistan et le Zagros, et au sud par le désert syro-arabe. Dans cet espace géographique, il n'y a pas de barrières qui puissent empêcher les libres déplacements de ses habitants. À la fin du IIe millénaire et pendant la première partie du Ier millénaire, les Araméens forment des groupes tribaux ou constituent des États qui arrivent à peine à se confédérer. Il y a un émiettement d'énergie qui explique le manque de textes en araméen qui fassent état de leur pouvoir politique en exercice. À l'intérieur de ces groupes qui parlaient initialement une même langue, des différences linguistiques et religieuses s'installent, créant des clivages qui seront déterminants. J'accepte sans restriction ce que Spinoza écrit en 1670 à propos des Hébreux dans son *Tractatus theologico-politicus* : « La nature ne crée pas de nations : elle crée des individus qui ne se distinguent en nations que par la différence des langues, des lois et des mœurs reçues ; seules ces deux dernières, les lois et les mœurs, peuvent faire que chaque nation ait une complexion particulière, une situation particulière et enfin des préjugés particuliers[1]. »

1. SPINOZA, *Tractatus theologico-politicus*, F. Akkerman (éd.), trad. et notes J. Lagrée et P.-Fr. Moreau, dans *Œuvres complètes*, III, Paris, PUF, 1999, chap. XVII, p. 575.

1.

Les patriarches bibliques

Le texte du Deutéronome 26, 5-9 fait référence à des événements qui sont décrits avec une grande abondance de détails dans les cinq livres du Pentateuque et le livre de Josué ; ils ont leur raison d'être : l'idéalisation d'un processus historique sur lequel se greffe la conviction que le passé n'est autre chose qu'une histoire de salut. Le livre du Deutéronome donne au credo un cadre spécial, hors du temps. La profession de foi de 26, 5-9 acquiert une signification cultuelle précise par le fait d'être récitée au cours d'un acte liturgique. Le rite de l'offrande des prémices invite le fidèle à avoir un regard rétrospectif sur la période de gestation de son peuple. Mais, au-delà de son caractère religieux, le texte deutéronomique peut avoir une dimension historique pour son auteur, ainsi que pour les auditeurs ou les lecteurs du texte, car les questions qu'il soulève sont primordiales : ces trois éléments et aucun autre résument tout ce qui a été raconté sur Abraham et sa famille, Moïse et la conquête de la Palestine promise au peuple hébreu. Ce même thème est plus développé dans le discours que fait Josué à Sichem peu avant sa mort[1] : outre la mention du fait que Jacob et ses fils descendirent en Égypte, Josué rappelle que la montagne de Séïr, la steppe d'Édom, avait été donnée en propriété à Ésaü, le frère de Jacob. L'auteur du livre de Josué a voulu nous donner un aperçu sur toute la famille d'Abraham. Dans ce discours, comme dans le credo deutéronomique, on remarque l'absence de toute allusion à l'épisode du Sinaï qui est pourtant fondamental dans l'histoire religieuse du peuple hébreu. Cet épisode, avec l'alliance mosaïque et l'instauration du décalogue, appartenait sans doute à une tradition différente de celles recueillies par le credo et par l'auteur de Josué. On peut signaler également dans le credo comme dans le discours de Josué l'absence d'une référence quelconque à la création du monde et de l'homme. La sortie d'Abraham de la terre « d'au delà du fleuve » l'emporta dans les deux textes sur tout autre thème. La saga des patriarches est donc

1. Josué 24, 2-13.

nettement indépendante de la cosmogonie et de l'anthropologie bibliques.

Entre le livre des Nombres, le quatrième livre de la Torah, et le cinquième qui est le Deutéronome, on peut remarquer une coupure. Ainsi Albert de Pury : « Si l'on recherche les échos que la tradition des Patriarches trouve dans la littérature biblique en dehors du Tétrateuque [Genèse, Exode, Lévitique, Nombres], le bilan est extrêmement mince, du moins pour ce qui est de la tradition d'Abraham. Il est vrai que la triade des patriarches [Abraham, Isaac, Jacob] apparaît à certains endroits dans la littérature deutéronomiste (Deutéronome plus I Rois 18, 36 ; II Rois 13, 23 ; Jérémie 33, 26) ; mais il existe de bonnes raisons pour attribuer ces mentions aux dernières retouches harmonisantes des éditeurs bibliques. Les premières mentions d'Abraham se trouvent dans les textes exiliques d'Ézéchiel 33, 24 et d'Isaïe 51, 1-2. » La tradition des patriarches appartiendrait à une phase tardive de la constitution du Pentateuque, peut-être à la deuxième moitié du VIe siècle avant notre ère. Toutefois, on ne peut pas imaginer qu'à l'intérieur des vingt-trois chapitres de la Genèse, de 12 à 35, tout soit de la même venue et que certaines de ses composantes ne puissent remonter à une époque plus ancienne que la période post-exilique[1]. On a remarqué que les figures des patriarches, qu'on pourrait considérer comme des Amorites, sont relativement modestes et que, si le récit des patriarches avait été créé à une époque tardive, on aurait développé davantage ces personnages en leur donnant un caractère héroïque. La thèse qui plaide pour une rédaction ancienne pense pouvoir établir une analogie entre le récit des patriarches et la liste succincte des premiers rois assyriens : ce sont tous les deux des documents qui gardent l'écho d'événements historiques du passé[2]. Néanmoins, cette remarque peut servir à prouver le contraire : on a décrit en peu de traits les patriarches parce qu'ils ne représentaient plus grand-chose dans la Palestine de l'époque perse, moins encore au début de l'époque hellénistique quand le Proche-Orient était en proie à des luttes dynastiques entre généraux macédoniens.

La date des patriarches ou plutôt de la composition du récit de la Genèse n'est pas

---

1. A. DE PURY, « La tradition patriarcale en Genesis 12-35 », dans *Le Pentateuque en question*, A. de Pury et Th. Römer (éd.), Genève, Labor et Fides, 1989, pp. 260-270 ; p. 261.

2. G. BUCCELLATI, « Amorites », art. cité, p. 110b.

facile à déterminer. Le récit concernant les trois patriarches, dans sa présentation littéraire, est très probablement post-exilique[1], et c'est aussi à cette époque qu'appartiendrait la mention du « Dieu des pères » auquel se réfèrent parfois les textes. La mention de ce « Dieu des pères » reflète un type de religion propre à certains groupes proto-israélites dont le genre de vie pourrait être défini comme semi-nomade, mais ce culte s'explique mieux comme une construction littéraire destinée à établir un pont entre les divers récits patriarcaux[2] ; le Dieu des pères était le dieu de chaque patriarche et, successivement, de tous les trois. La thèse que le culte du Dieu des pères pratiqué par des gens de vie semi-nomade devient le culte à un Dieu, Seigneur [Baal] du lieu, une fois que ces tribus s'établissent dans la terre conquise, n'est pas valable comme explication historique mais elle reste l'un des éléments constitutifs de l'épopée

---

1. Commentaires de Th. RÖMER aux travaux importants de J. Van Seters, H. H.Schmid et R. Rendtorff dans « La formation du Pentateuque selon l'exégèse historico-critique », dans *Les Premières Traditions de la Bible*, Ch.-B. Amphoux et J. Margain (éd.), *Histoire du Texte biblique*, II, Genève 1996, pp. 17-55, pp. 40-44.

2. A. DE PURY et Th. RÖMER (éd.), *Le Pentateuque en question*, *op. cit.*, p. 50, n. 21.

biblique[1]. Le thème du passage de l'errance à la vie sédentaire nourrit la saga de plusieurs tribus araméennes qui, grâce à l'enchevêtrement de leur biographie, peuvent apparaître au lecteur, à travers les quatre premiers livres de la Bible, comme une grande famille.

Une lecture libre, dépourvue de la contrainte moderne d'identifier les sources, perçoit dans le Pentateuque une différence, frappante, de thème et de style entre l'histoire des patriarches, qui est au centre de la Genèse, et le texte de l'Exode qui décrit la marche à travers le désert et l'épisode du Sinaï, suivi par les lois et les ordonnances contenues dans les livres du Lévitique et des Nombres ; les trois livres – Exode, Lévitique, Nombres – forment un ensemble auquel la présence de Moïse donne une unité évidente. Le clivage entre le récit des patriarches et le reste invite donc à penser que la geste patriarcale constitue une première notion de l'origine du peuple, une première recherche d'identité de la part de ceux qui se considéraient comme leurs descendants. En effet, à l'époque de l'exil à Babylone, un texte

1. Je corrige ainsi ce que j'ai écrit dans « Dieu de la tribu ou Seigneur du lieu ? Aspects de la divinité chez les Sémites de l'Ouest », *Revue de l'Histoire des religions*, 205, 1988, pp. 415-424.

du prophète Ézéchiel en témoigne, puisque Abraham était pour des Judéens non exilés leur ancêtre : « Abraham qui était seul prit possession du pays : nous qui sommes nombreux, c'est à nous que le pays a été donné en possession[1]. » La tradition d'un Abraham ancêtre et premier possesseur du pays était donc bien ancrée vers le milieu du VIe siècle avant J.-C. Des éléments des récits de Jacob et d'Ésaü, de Jacob et de Laban en territoire araméen auraient pu être répandus dans l'Israël du Nord au VIIIe siècle. Il y a un processus d'agglutination rédactionnelle dans le récit de la Genèse qui revêt une structure « logique », « contraignante », c'est une geste d'ancêtres expliquant les origines d'un groupe tribal[2].

Au niveau du langage, le mot « Araméen » dans le Pentateuque qualifie Laban ou son père. Le texte est fort explicite. Mais Abraham lui-même se considère comme un Araméen. Il n'a pas voulu que son fils aille à Aram Naharayîm, mais il y envoie son serviteur afin qu'il trouve

---

1. Ézéchiel 33, 24 ; cf. Isaïe 51, 1-2.

2. A. de Pury attache une grande signification à la tradition dont se fait écho le chapitre 12 du livre du prophète Osée. Différents épisodes de la vie du patriarche, tels que les raconte le cycle de Jacob en Genèse 25-35, sont pris en considération par Osée 12.

une femme pour son fils. C'est là-bas que se trouve « mon pays, ma parenté », dit Abraham à son serviteur. Et quand le serviteur répète à Bétuel et à Laban, qui sont des « Araméens », les paroles d'Abraham, son maître, il se réfère à Aram Naharayîm comme le lieu de la maison du père d'Abraham et de sa famille – son clan.

Aram Naharayîm est ordinairement interprété comme l'« Aram des deux fleuves », le pays compris entre l'Euphrate et le Tigre, ou entre l'Euphrate et son affluent le Balikh. On peut aussi comprendre « l'Aram des fleuves » : l'Euphrate, le Tigre, le Balikh, le Habûr et leurs affluents. Roland de Vaux considère plutôt l'hébreu Aram Naharayîm comme une adaptation de l'ancien nom de la région, le Naharina ; la région serait le « pays du Fleuve », au singulier[1]. Mais le texte biblique, à partir du chapitre 25 de la Genèse, appelle cette région Paddân-Aram. L'assyrien *padânu* signifie route ou chemin, la région serait donc la « route d'Aram », c'est, pourrait-on dire, la route des patriarches. L'auteur biblique en effet place là les ancêtres d'Israël. D'après la

1. R. DE VAUX, *Histoire ancienne d'Israël. Des origines à l'installation en Canaan*, Paris, Gabalda, 1971, pp. 187-189.

Genèse 11, 20-26, Seroug engendra Nahor, Nahor engendra Tèrah et Tèrah engendra Abram, Nahor et Harân. La femme d'Abram était Saraï ; celle de Harân, Milka, qui fut la mère de Loth. Cette généalogie touffue se déploie à Ur des Chaldéens, dans la basse Mésopotamie. Comme chacun sait, Térah partit pour Harrân, au nord de la Mésopotamie, où il s'installa avec Abram, Saraï et Loth, son petit-fils. L'auteur biblique connaissait les noms des villes de cette région, la très ancienne Harrân, et les trois villes du bassin du Balikh, Seroudj, Nahor et Til Turahi, et il en a fait des noms d'ancêtres. Plus loin, on apprendra que Loth est l'ancêtre des Moabites et des Édomites, les voisins d'Israël. Le territoire de la postérité d'Abraham est clairement décrit dans la Genèse 15, 18 : « Du Torrent d'Égypte jusqu'au Grand Fleuve, le fleuve Euphrate. » Le Torrent d'Égypte est l'ouadi al-Arish, la Rhinocoloura (« le pays des nez coupés »)[1], la frontière entre l'Égypte et la Syro-Phénicie. La mainmise idéale d'Abraham du sud au nord-est est donc claire : partout on est chez les

1. J.-Y. CARREZ-MARATRAY, « Le Sinaï des Grecs et des Romains : un passage méconnu de Diodore », dans *Le Sinaï durant l'Antiquité et le Moyen Âge*, D. Valbelle et Ch. Bonnet (éd.), Paris, Errance, 1998, pp. 88-92.

Araméens. Il paraît impossible de dater, ne serait-ce que de manière approximative, des traditions si imprécises, étrangères à dessein, semble-t-il, à toute chronologie. Le seul point de référence pour ces traditions est la toponymie du nord de la Mésopotamie qui est sans doute restée dans la mémoire collective comme la « terre des ancêtres » ; un autre point de référence est la mention d'Aram, un terme qui donne à l'imaginaire un contexte plausible. L'auteur de la Genèse a bien pu savoir après l'exil ce que signifiaient Aram et Araméen pour des personnes éclairées habitant la Syro-Palestine. La tradition juive a gardé ces notions longtemps, peut-être de manière imprécise, en tous cas l'évangéliste Matthieu a encore su comment inclure l'ancêtre Aram dans la généalogie de Jésus. Pour l'auteur biblique, les patriarches, membres de ces groupes tribaux, sont certainement des Araméens du nord de la Mésopotamie qui erraient avant de s'installer en Canaan. Jacob parle au pharaon de sa vie errante ; voici le texte 47, 9 : « Joseph introduisit son père Jacob et le présenta à Pharaon, et Jacob salua Pharaon. Pharaon demanda à Jacob : "Combien comptes-tu d'années de vie ?" Et Jacob répondit à Pharaon : "La durée de mes migrations a été de cent trente ans. Ce fut un temps bref et mauvais que les années de ma vie, elles n'ont pas atteint la durée des années qu'ont vécues mes pères au temps de leurs migrations." »

Le premier élément du credo du Deutéronome à réciter au moment de l'offrande veut mettre en évidence cette errance des patriarches : les trois premiers mots en sont : *ʾarami ʾobed ʾabi* (ʾRMY ʾBD ʾBY). Les exégètes modernes traduisent : « Mon père était un Araméen errant. » La version grecque de la Septante, faite à Alexandrie, traduit : « Mon père abandonna *(apebalen)* la Syrie. » Le verbe *apoballein* signifie aussi « rejeter » et cela voudrait dire qu'il rejeta le lieu d'origine de la famille, la Syrie araméenne. Le traducteur grec a donc fait de *ʾarami* le complément direct du verbe. Dans le contexte de l'inimitié soutenue entre les Séleucides et les Ptolémées il n'était pas surprenant que le traducteur alexandrin ait écrit « Syrie[1] ». En hébreu, le sens originel des trois mots était soit « Mon père était un Araméen errant », soit « sur le point de périr ». On a aussi traduit « un Araméen fugitif », ou

1. E. BICKERMAN, *From Ezra to the Last of the Maccabees*, New York, Schocken Books, 1966, pp. 72-73 (= chap. ii dans *The Jews : Their History*, L. Finkelstein éd., New York, Schocken Books, 1972).

« un Araméen qui s'est séparé de son clan[1] ». Si l'épithète « errant » définit la vie des semi-nomades, ce que les Araméens furent à un premier moment de leur histoire, l'épithète « sur le point de périr » aurait aussi un sens car elle correspondrait à la situation de pauvreté et de misère qui aurait poussé Jacob à descendre en Égypte avec sa famille. Cette interprétation s'explique facilement d'après l'un des sens que 'BD a en hébreu dont la forme verbale ici semble être celle d'un participe, donc d'une épithète. Toutefois, la manière dont ce deuxième mot de la phrase a été compris a donné naissance à des interprétations très différentes, et précises, du séjour de Jacob chez Laban.

En effet, le verbe 'BD peut être lu comme une forme causative, « perdre », et non « être perdu » ; le sujet du verbe serait alors l'« Araméen » : « L'Araméen voulait perdre mon père. » Il y aurait alors une référence claire au chapitre 31 de la Genèse où on lit que la richesse de Jacob avait excité la jalousie des fils de Laban et que par la suite Jacob, observant le visage

1. Voir l'article important de F. DREYFUS, « L'Araméen voulait tuer mon père. L'actualisation de Dt 26, 5 dans la tradition juive et la tradition chrétienne », dans *De la Torah au Messie. Mélanges Henri Cazelles*, Paris, Desclée de Brouwer, 1981, pp. 147-161.

de Laban, comprit que les relations n'étaient plus comme auparavant et s'enfuit avec les filles de ce dernier, mais Laban le rattrapa, à la fin, et une alliance fut conclue entre les deux. Le texte nous rappelle ici que Laban était un Araméen, soulevant ainsi un sentiment d'hostilité à l'égard de l'oncle de Jacob. La tradition juive ancienne est allée encore plus loin et a traduit « l'Araméen voulait tuer mon père ». Il est certain, comme le dit Dreyfus, que « l'accord de tous les Targums, de la Michna, de la liturgie pascale, des Midrashim et des commentateurs anciens est extrêmement impressionnant », et on a pensé très justement que le changement dans l'interprétation du verset 26, 5 était sans doute le résultat d'une relecture de Genèse 31. Ce verset est un élément de la liturgie du repas pascal créé à une époque pré-maccabéenne et c'est à ce moment que les traditions du judaïsme palestinien, alexandrin et samaritain auraient fait de 'BD un verbe à la forme *po'el*, ce qui indiquerait le conatif, c'est-à-dire la forme de l'intensif pour certains verbes irréguliers. Elle apporterait une nuance spéciale : l'injonctif qui exprime le but recherché, la tentative. Dans le rituel du repas pascal juif les trois mots qui nous intéressent sont commentés ainsi : « Sors et apprends ce que Laban l'Araméen cherchait à faire à Jacob notre père ; car Pharaon n'avait décidé que la mort des enfants mâles, mais Laban cherchait à tout exterminer comme il est écrit : *'arami 'obed 'abi*[1]. » À partir d'une certaine époque, compte tenu de l'hostilité entre Judéens et Israélites, d'un côté, et les Araméens de la Syrie, de l'autre, il a paru invraisemblable de qualifier Jacob d'Araméen. Au moment d'écrire l'histoire du peuple, après l'exil, l'épisode d'un Jacob sauvé de la mort que Laban aurait voulu lui infliger actualisait le sort d'Israël. Le Pentateuque permettait de discerner un parallélisme entre Jacob et Laban chez les Araméens du nord de la Syrie, et Moïse et le Pharaon en terre d'Égypte[2].

C'est dans le vaste espace sans barrières infranchissables promis par Yahvé à Abraham que vivent les Araméens. La langue, la religion et les institutions nous les présentent dans un premier moment comme une ethnie importante de l'Asie occidentale dans laquelle se sont découpées avec le temps des différences spécifiques, voire des unités nationales. Les Araméens décrits par la Genèse sont des pasteurs de grands troupeaux, mais ils ne sont

1. DREYFUS, art. cité, p. 148.
2. *Ibid.*, p. 153.

pas pour autant éloignés de la vie paysanne, comme le montrent les remarques d'Abraham lors de la famine qui poussa ses fils à aller en Égypte ou le fait qu'Isaac put s'enrichir à la suite d'une moisson abondante[1]. Ce sont des tribus semi-nomades, pasteurs également de petit bétail. L'élevage des moutons et des chèvres dépend de certaines conditions géographiques et climatiques. Il ne peut se pratiquer qu'en bordure du désert. Il existe un nomadisme « enfermé » : les nomades vivent une partie de l'année dans des régions de peuplement sédentaire, en participant à l'exploitation de zones intermédiaires entre la montagne et la steppe. La survie économique est faite d'une symbiose étroite entre l'agriculture et le nomadisme pastoral[2]. Des tablettes akkadiennes trouvées en Iraq et publiées récemment nous apportent une attestation importante et indiscutable sur la présence de tribus araméennes autour de l'Euphrate[3]. L'une de celles qui nomadisaient au VIIIe siècle avant notre ère, en se déplaçant

---

1. Genèse 26, 12.

2. M. B. ROWTON, « Dimorphic Structure and Topology », *Oriens antiquus*, 15, 1976, pp. 17-31.

3. A. CAVIGNEAUX et B. Kh. ISMAIL, « Die Statthalter von Suhu und Mari im 8. Jh.v. Chr. anhand neuer Texte aus den irakischen Grabungen im Staugebiet des

vers le sud-est, était la tribu des Sarugu, une tribu originaire de Sarugu, la moderne Serudj, près d'Édesse, un toponyme qui recouvre le nom de l'un des ancêtres d'Abraham. Ces textes akkadiens du VIIIe siècle recoupent, en outre, ce qu'on lit dans la Genèse 21, 22-32 et 26, 12-22 à propos des litiges occasionnés dans la défense des droits aux puits creusés et nommés par telle ou telle famille[1]. Mais ces ressemblances, voire équivalences, entre des segments de l'histoire du Proche-Orient ancien et certains épisodes bibliques qui pourront se multiplier à la suite de nouvelles découvertes, ne sauront faire du Pentateuque un livre historique.

Qadissiya-Damms », dans *Baghdader Mitteilungen*, 21, 1990, pp. 321-456.

1. Voir le commentaire de P.-E. DION, « Les Araméens du Moyen-Euphrate au VIIIe siècle à la lumière des inscriptions des maîtres de Suhu et Mari », *Suppl. VT*, Congress Volume, Paris 1992, J. A. Emerton (éd.), 1995, pp. 53-73 ; pp. 67-68. Pour le déplacement vers le sud-est, J. A. BRINKMAN, *A Political History of Post-kassite Babylonia*, Rome, 1968, pp. 283-284.

2.

Au cœur du Pentateuque

Une analyse du credo « historique » amène à une réflexion sur l'origine et la date du Deutéronome, des sujets que j'aborde en simple lecteur du texte biblique. Il existe un courant de la critique littéraire de l'Ancien Testament qui fait de ce livre, ou plutôt de l'esprit deutéronomiste, le pivot du Pentateuque. Le Deutéronome se présente comme le testament de Moïse. Les onze premiers chapitres mentionnent les discours de ce personnage et préparent le lecteur au thème central, les observances religieuses qui occupent les chapitres 12-26, puis vient le discours final avec l'exhortation à l'obéissance de la Loi. Cette unité littéraire sépare ce livre des autres livres du Pentateuque. Le livre est appelé en hébreu *debarim*, « paroles », car ce sont les paroles que Moïse adressa au peuple. Le terme est approprié, comme on l'a toujours remarqué, parce que *dabar* en hébreu est à la fois la parole qui prescrit et la chose à faire[1]. Le nom grec *deutéronome*, « deuxième loi », est trompeur, car il suppose une première loi, ce qui pourrait faire penser que la première se trouve dans les livres précédents. En fait, le titre grec s'explique et se justifie par ce qui est dit à propos de la royauté dans le Deutéronome 17, 16-19 : le roi, qui sera choisi par Yahvé, « ne devra pas posséder un grand nombre de chevaux, ou faire retourner le peuple en Égypte pour avoir un grand nombre de chevaux... Il ne devra pas non plus avoir un grand nombre de femmes et dévoyer son cœur. Quant à l'argent et à l'or, il ne devra pas en avoir trop. Et quand il sera monté sur son trône royal, il écrira pour lui-même dans un livre une *copie de cette Loi*, que lui transmettront les prêtres lévites. Elle restera auprès de lui, et il la lira tous les jours de sa vie, pour apprendre à craindre Yahvé son dieu en gardant, pour les mettre en pratique, toutes les paroles de cette Loi, et toutes ses prescriptions ».

Le livre est présenté en hébreu comme une copie : *mishneh hattorah hazzo't*, « une copie

1. James BARR attire justement l'attention sur l'abus de la méthode étymologique, voir son *Sémantique du langage biblique*, Paris, Cerf, 1988, pp. 155-166.

de cette loi », tandis que la Septante a écrit *deuteronomos*. Le grec *deuteros* indique plutôt ce que l'on fait une deuxième fois, ou ce qui vient en second lieu. Sans doute le traducteur voulait-il exprimer l'idée que le roi ferait une copie, un double de la loi (de « cette » loi, celle de ce livre). L'ambiguïté de *deutéro-* permit aux chrétiens hellénophones de comprendre le nom au sens de « second », ce qui impliquait une première version [1].

Les réformes de Josias

Une réflexion sur le texte du Deutéronome doit nécessairement tenir compte du chapitre 22 du deuxième livre des Rois où il est question de la réforme entreprise par Josias, roi de Juda de 640 à 609, suite à un épisode mémorable dans les annales de la cour. Le roi avait envoyé son secrétaire Shafân au temple en lui disant : « Monte vers le grand prêtre Hilqiyahou pour qu'il fasse le total de l'argent apporté au temple de Yahvé et que

1. Une bonne étude de la question chez C. Dogniez et M. Harl, *Le Deutéronome*, dans la Bible d'Alexandrie, Paris, Cerf, 1992, pp. 23-28.

les gardiens du seuil ont recueilli auprès du peuple. Qu'on le remette entre les mains des entrepreneurs des travaux, aux responsables du temple de Yahvé, afin qu'ils payent ceux qui, dans le temple de Yahvé, travaillent à en réparer les dégradations, les charpentiers, les constructeurs, les maçons, et afin d'acheter des poutres et des pierres de taille en vue de réparer le temple. Qu'on ne leur demande pas compte de l'argent remis entre leurs mains, car ils agissent consciencieusement. » Le secrétaire alla trouver le grand prêtre qui lui dit : « J'ai trouvé le livre de la Loi dans le temple de Yahvé. » Hilqiyahou remit le livre à Shafân, qui le lut puis vint trouver le roi et lui dit : « Tes serviteurs ont versé l'argent trouvé dans le temple et l'ont remis entre les mains des entrepreneurs des travaux, aux responsables du temple de Yahvé. » Puis le secrétaire annonça au roi la nouvelle : « Le prêtre Hilqiyahou m'a remis un livre » et Shafân en fit la lecture devant le roi. Lorsque le roi eut entendu « les paroles du livre de la Loi », il déchira ses vêtements et dit aux personnes de son entourage : « Allez consulter Yahvé pour moi, pour le peuple, pour tout Juda au sujet des paroles de ce livre qui a été trouvé ; car elle est grande la fureur de Yahvé qui s'est enflammée contre nous parce que nos pères n'ont pas écouté les paroles de ce livre et n'ont pas agi selon tout ce qui y est écrit. »

Le rapport du livre de la loi trouvé par Hilqiyahou avec le livre du Deutéronome a été un objet de controverse depuis les premiers siècles de notre ère. Or, si l'histoire de la découverte de Josias est un fait historique, et il pourrait ne pas l'être parce qu'on trouve des épisodes semblables au Proche Orient ancien desquels a pu s'inspirer le deutéronomiste, la question qui se pose est de savoir quel texte est à la base du rétablissement du vrai culte que le roi Josias promulgua à Jérusalem après la lecture du texte découvert. S'agit-il du livre du Deutéronome que nous avons aujourd'hui ou bien s'agit-il d'un texte « pré-deutéronomique », sommaire, et ce ne serait que plus tard que le livre du Deutéronome aurait été composé ? Cette question a de l'importance ici car le credo « historique » avec ses trois éléments, errance, séjour en Égypte et installation dans le pays d'autrui, se trouve au centre même du Deutéronome et il paraît raisonnable de se demander si les versets de ce credo font partie du livre de la Loi découvert par Hilqiyahou ou bien s'ils sont aussi tardifs que l'est le Deutéronome. On peut envisager une certaine réponse à cette question en regardant s'il y a des correspondances entre les réformes de Josias racontées en II Rois 23 – lesquelles n'ont pas pu avoir lieu avant la fin du VIIe siècle – et certaines dispositions du Deutéronome[1]. Les correspondances se révèlent faibles.

1 : Prêt à centraliser le culte, Josias profana et fit disparaître les hauts lieux où les prêtres avaient offert de l'encens. Le Deutéronome 12, 13-18 interdit d'offrir le sacrifice n'importe où ; c'est Yahvé qui doit choisir le lieu.

2 : Josias supprima les chevaux qu'on avait installés en l'honneur du soleil à l'entrée du temple. Le Deutéronome 17, 3 défend d'adorer le soleil, la lune et les astres.

3 : Le roi ordonna la démolition de la maison des prostituées, une décision qui recoupe une interdiction générale de la prostitution sacrée.

4 : La question des nécromanciens et devins est plus complexe quand on compare la politique du roi à leur égard avec le texte du Deutéronome 18, 10-11. Le livre des Rois dit

---

1. Voir à ce propos E. SELLIN et G. FOHRER, *Einleitung in das Alte Testament*, trad. D. E. Green, 1965, avec des corrections mineures fournies par G. FOHRER, *Introduction to the Old Testament*, Nashville, Abingdon Press, 1968, pp. 167-169.

que Josias balaya les nécromanciens, les devins et les *téraphim*, un mot qui désigne probablement une sorte d'idoles. Le mot hébreu que nos Bibles traduisent par « nécromanciens » est le pluriel 'WBWT ; la Septante le rend par *thelétai*. Concernant les pratiques divinatoires, le Deutéronome est explicite : on ne doit pas consulter les oracles, pratiquer l'incantation, la divination, les enchantements et les charmes, interroger les revenants et les esprits ou consulter les morts. Ce long texte peut facilement être abrégé en deux ou trois activités magiques ; celles d'interroger les revenants et de consulter les morts méritent une pause. À la place de 'WBWT du livre des Rois, le Deutéronome a Š'L 'WB, qu'on peut traduire par « interroger les revenants » ou les spectres. La Septante rend ici le mot hébreu par *eggastrimuthos*, « ventriloque », à juste titre puisque 'WB en hébreu signifie « outre » ; le nécromancien ou celui qui parle après avoir consulté les spectres a une voix rauque qui vient des profondeurs. Le nécromancien et celui qui consulte les morts œuvrent dans les abîmes qui sont le domaine des morts. Le livre des Rois et le Deutéronome se rapprochent ici par une même conception de l'au-delà et des périls qu'il faut éviter.

Les nécromanciens ne semblent pas avoir

joué toujours un rôle dans les sociétés anciennes. Le prophète est une sorte de devin mais il n'est jamais un nécromancien. Lucain, auteur au Ier siècle de notre ère de *La Pharsale*, définit bien ce qui distingue les pratiques divinatoires les unes des autres. Sextus Pompée, le fils de Pompée le Grand, impatient de connaître son destin ne voulait pas, nous dit Lucain, consulter les trépieds de Délos, les antres de la Pythie, ni les différents modes de divination de la Dodone de Jupiter ; il ne voulait pas non plus voir ceux qui savent lire les destins dans les fibres, le vol des oiseaux et les foudres du ciel ou « fouiller les astres avec la sollicitude assyrienne », toutes pratiques exemptes de sacrilège. Sextus Pompée préférait « les pratiques sauvages de la magie, abhorrées des dieux célestes, des autels attristés par des sacrifices funèbres, la foi dans les ombres », et il se laisse finalement guider par la furie Erichtho qui ourdit des intrigues et brasse les morts[1]. Il y a dans la conduite d'Erichtho, qui est sans doute celle d'un nécromancien, un défi aux dieux à cause du désordre qu'elle crée dans la nature, et c'est là, à mon avis, le sacrilège que, dans un contexte bien différent

1. LUCAIN, *La Pharsale*, A. Bourgery et M. Ponchont (éd.), Paris, Les Belles Lettres, CUF, 1930, VI, 420 s.

de celui de la mythologie gréco-romaine, les Hébreux religieux, eux aussi, ne pouvaient pas accepter. Si pour les anciens Mésopotamiens, des morts reste leur spectre, leur fantôme, ce qu'ils appellent leur *etimmu,* capable de pousser des clameurs, de se tenir à la tête du lit, d'entrer et de sortir, on ne les évoque pas pour apprendre le futur[1], moins encore les incite-t-on à bouleverser l'ordre du monde. Le roi Josias et l'auteur du Deutéronome, comme sans doute les prêtres de Délos ou de Dodone, étaient hostiles aux pratiques de la nécromancie, qui était peut-être étrangère aux Hébreux et chez qui elle aurait pu s'introduire seulement depuis un milieu non-sémite.

5 : Pour ce qui concerne la célébration de la Pâque, le texte des Rois invite à penser que la Pâque, cette fois acte officiel de culte de tout le peuple et non pas de quelques groupes, fut inaugurée avec Josias. Nous sommes aux environs de 622 ; à cette époque-là, les Judéens d'Égypte, comme nous le verrons, ne connaissaient pas ou connaissaient mal le Pentateuque et il est bien douteux qu'ils aient fêté la Pâque comme leurs coreligionnaires

1. J. BOTTÉRO, *Mésopotamie*, Paris, Gallimard, 1987, p. 137, n. 1, et pp. 327-328.

de Juda. Au début du Ve siècle avant notre ère, un texte araméen d'Égypte mentionne bien la Pâque, mais un autre nous montre que sa célébration n'était pas fixée d'avance[1].

La correspondance, précaire, qui existe entre le texte des Rois, qui mentionne la découverte du livre de la Loi, et le Deutéronome ne signifie pas nécessairement que celui-ci ait précédé et inspiré les réformes de Josias, ni que le Deutéronome ait été écrit précisément pour consolider ces réformes. Ce livre s'intègre dans le projet d'une historiographie qui daterait de l'époque exilique ou plutôt post-exilique[2]. La réforme de Josias a pu être d'envergure, en tout cas le caractère politique de l'entreprise ne doit pas être sous-estimé, d'autant plus que la réforme semble coïncider avec l'affaiblissement du pouvoir assyrien. Un siècle avant Josias, Achaz, roi de Juda, ébloui par le temple de Damas, et sans doute par le faste de la cour assyrienne de Téglath-Phalasar III qu'il rencontra dans la ville syrienne, avait

1. P. GRELOT, *Documents araméens d'Égypte*, Paris, Cerf, 1972, n°s 93 et 94.

2. Des remarques pertinentes chez P. BORDREUIL et F. BRIQUEL-CHATONNET, *Le Temps de la Bible*, Paris, Fayard, 2000, pp. 359-360.

commandé des réformes dans le temple de Jérusalem ; il ordonna au prêtre Ouriya d'y faire une reproduction exacte de l'autel de Damas. L'autel devait imiter probablement un monument assyrien, non pas damascène, à l'intérieur du temple de la ville. Retourné à Jérusalem, Achaz s'approcha de l'autel et expliqua comment les sacrifices devaient être faits et quel en était l'ordre. Quant à l'autel de bronze, qu'il déplaça pour l'installer sur le côté, au nord du nouvel autel, le roi avait montré la volonté de s'en occuper lui-même. Étant donné que le verbe hébreu employé est BQR, « examiner », et plus précisément examiner les entrailles des animaux sacrifiés pour en tirer des auspices, on peut dire que nous avons ici l'intrusion nette d'une pratique bien mésopotamienne dans le temple de Jérusalem. La lecture de ce chapitre 16 du deuxième livre des Rois laisse perplexe, car malgré le bouleversement religieux annoncé, le récit est objectif, sans la moindre ombre d'étonnement de la part de l'auteur du livre. Avec ses réformes, Josias voulut sans doute s'éloigner des pratiques assyriennes introduites par Achaz.

Faire d'un document oublié le point de départ d'une réforme religieuse, voire politique n'était pas une nouveauté, je dirais même qu'il pourrait s'agir d'un topos littéraire. Des exemples anciens nous sont connus. Un texte babylonien du milieu du IXᵉ siècle avant notre ère évoque les malheurs d'une image du dieu Soleil : « Du dieu Shamash, qui habite l'Ébabbar [c'est le nom du temple du dieu Shamash], situé à Sippar, qu'avaient ruiné les Soutéens [qui étaient des Araméens], ces ennemis malfaisants, au cours des troubles et des bouleversements en pays d'Akkad et dont ils avaient détruit les images, les rites avaient été oubliés, la forme du dieu et ses insignes étaient sortis de l'usage et personne ne pouvait plus les imaginer. Le roi de Babylone Simbar-Shipak[1] interrogea le dieu sur sa forme, mais celui-ci ne lui révéla pas son visage... [Plus tard], le roi de Babylone Nabu-apal-iddina, qui bouta hors ces ennemis malfaisants que sont les Soutéens, sous son règne, le dieu Shamash, qui, depuis longtemps, était courroucé contre Akkad et s'en était détourné, redevint amical et retourna son visage vers Akkad. On retrouva alors, sur la rive occidentale de l'Euphrate, un relief en argile, cuite au four, sur lequel le dieu était figuré avec sa forme et ses insignes. Le prêtre de Sippar, qui le trouva, le montra au roi à qui il était

1. Deuxième moitié du XIᵉ siècle avant notre ère.

ainsi dévolu par un ordre divin de refaire cette image[1]. » Ce passage exemplaire montre bien que lorsqu'une image cultuelle avait disparu, seule une intervention divine permettait de la recréer.

Deux textes de l'époque de Nabonide, dernier roi de Babylone, font état également de la découverte de documents et de traditions oubliés. Nabonide raconte son exploit à Larsa. Je donne un abrégé de la traduction du texte[2] : « Larsa, la ville de résidence de Shamash, le grand seigneur du ciel et de la terre, et l'Ébabbar, sa demeure de dilection, depuis longtemps étaient un désert et redevenus ruines au point que l'implantation n'en était plus reconnaissable – sous le règne de mon prédécesseur, le roi Nabuchodonosor, fils de Nabupolassar, on enleva la poussière et l'on découvrit le temenos de l'Ébabbar d'un ancien roi, Burnaburiash, un prédécesseur, mais on chercha, sans le découvrir, le temenos d'un roi plus antique [...]. C'est alors qu'en l'an 10,

1. R. LABAT *et al.*, *Les Religions du Proche-Orient ancien asiatique*, Paris, Fayard, 1970, pp. 115-116.

2. Proposée par D. Arnaud et publiée par A. SCHNAPP, *La Conquête du passé*, Paris, Carré, 1993, pp. 14-17.

en un jour favorable de mon règne, Shamash se souvint de sa demeure ancienne ; il décida de restaurer la chapelle de la *ziqqurat* mieux qu'auparavant, et c'est à moi, le roi Nabonide, qu'il confia le soin de restaurer l'Ébabbar et de refaire sa demeure de dilection. Sur l'ordre du grand seigneur, Marduk, se levèrent les vents aux quatre points cardinaux, de grandes tempêtes : la poussière qui couvrait ville et temple fut enlevée et on put voir le formidable sanctuaire et le téménos devint visible. J'y lus l'inscription de l'antique roi Hammurabi, qui avait construit pour Shamash, sept cents ans avant Burnaburiash, l'Ébabbar sur l'antique temenos et je compris son sens. J'adorai en tremblant. »

Un deuxième texte décrit comment Nabonide installa sa fille dans le temple du dieu Lune à Ur, comme grande prêtresse. La liturgie ne s'y célébrait plus depuis longtemps et le temple avait été fermé. Quand le roi y entra, il put voir l'ancienne stèle de Nabuchodonosor sur laquelle était représentée l'image de la grande prêtresse ; le roi regarda les vêtements, les bijoux, les tablettes en argile et en bois. Puis le roi coupa les arbres et nettoya les déchets des bâtiments et, dans les fondations du temple, découvrit des inscriptions très anciennes dont l'une mentionnait une grande prêtresse qui avait été la nièce d'un roi d'Ur[1].

Les recherches ordonnées par le roi Josias dans le temple de Jérusalem peuvent ressembler à celles, archéologiques, de Nabonide au milieu du VIe siècle. Toutefois, la réforme de Josias veut s'inscrire, selon le texte biblique, dans la ligne religieuse d'Israël tandis que les textes de Nabonide soulignent davantage le rôle de la personne du roi et de son pouvoir. La réforme de Josias reflète aussi d'autres réformes que l'Orient avait connues après la chute de l'Empire assyrien. Dans l'épisode du livre II des Rois, ce qui compte est la découverte de la Loi et sa nouvelle mise en exercice tandis qu'ailleurs les réformes demandaient, certes, un retour à la tradition, mais la renaissance était politique en plus d'être religieuse. « La fouille est nécessaire non seulement pour découvrir le lieu de mémoire, mais aussi et surtout pour le faire fonctionner[2]. » On pense à Nabuchodonosor II, roi de Babylone (561-539), qui, après la destruction de l'Empire assyrien par les

1. Le texte a été publié en anglais par E. REINER, *Your Thwarts in Pieces, Your Mooring Rope Cut*, Michigan Studies in the Humanities, The University of Michigan, 1985, pp. 2-5.

2. A. SCHNAPP, *La Conquête du passé*, *op. cit.*

Mèdes, se vante dans l'inscription rupestre de Wadi Brisa au Liban, de contrôler et d'avoir enrichi la Syrie-Palestine : « J'ai rendu ce pays heureux en éliminant tous ses ennemis. Tous ses habitants dispersés, je les ai ramenés dans leurs habitations. Ce qu'aucun roi précédent n'avait fait, je l'ai accompli : j'ai coupé des montagnes escarpées, j'ai fendu des rochers, j'ai ouvert des passages et j'ai construit des routes droites pour [le transport] des cèdres... J'ai fait vivre les habitants du Liban tous ensemble, en sécurité et n'ai pas permis que quiconque les incommode[1]. »

Un esprit de réforme, de réforme sociale peut-on dire, envahissait l'Orient. Des réformes religieuses et sociales existent déjà dans les dispositions prises par des rois néo-hittites et araméens au sud de l'Anatolie et au nord de la Syrie. Le meilleur exemple nous est offert, au VIIIe siècle, en la personne d'Azitawada, gouverneur des Danuniens, en Cilicie. Dans une inscription en louvite (néo-hittite) et en phénicien, il affirme : « Je suis le béni de Ba'al. Ba'al a fait de moi pour les gens d'Adana un

1. J. B. PRITCHARD (éd.), *Ancient Near Eastern Texts Relating to the Old Testament*, Princeton, Princeton University Press, 1969, p. 307

père et une mère. J'ai fait vivre ces gens-là. Dans mes jours, il y a eu toute sorte de bonheur. J'ai rempli les silos. J'ai accumulé cheval sur cheval, bouclier sur bouclier, armée sur armée. J'ai brisé les rebelles. J'ai établi la maison de mon seigneur dans le bien. En mes jours, il y avait dans le pays de la plaine d'Adana abondance et bien-être, et il n'y avait pas de nuit pour les Danouniens [c'est-à-dire l'activité ne cessait pas]. J'ai bâti des forteresses sur les frontières, dans des endroits où il y avait des hommes méchants, et j'ai bâti des forteresses pour que les gens d'Adana vivent dans la tranquillité. Dans des endroits qui étaient auparavant redoutés, où un homme craignait d'aller son chemin, en mes jours, une femme allait toute seule avec ses fuseaux. » Après avoir dit qu'il a bâti la ville, à laquelle il a donné son propre nom, Azitawada mentionne l'installation d'un culte au dieu local. Les actions accomplies par Azitawada sont un reflet de ce qui était accompli par les rois néo-hittites dans les régions voisines. On trouve également chez les Égyptiens, une fois libérés de la présence assyrienne, une envie de réforme. On y assiste à l'installation d'une nouvelle dynastie avec Psammétique Ier (*ca.* 660). Avec les Saïtes, l'Égypte s'ouvre aux étrangers, mercenaires et commerçants, et de nouvelles dispositions administratives servent non seulement à restaurer l'économie et le prestige du pays hors des frontières, mais à favoriser le rayonnement de la culture pharaonique.

COMMENT DATER CES TEXTES ?

La lecture du Pentateuque a soulevé nombre de problèmes depuis des siècles : comment lire les premiers livres de l'Ancien Testament ? Doit-on parler d'un Tétrateuque, d'un Pentateuque ou d'un Hexateuque (en incluant le livre de Josué) ? La lecture et l'interprétation du Pentateuque sont, bien entendu, très diverses. Von Rad considère le Pentateuque plus le livre de Josué comme un « concept » théologique et le texte du credo serait pour lui le noyau de l'Hexateuque. Un rédacteur-éditeur théologien, appelé le « Yahwiste », aurait repris une tradition ancrée dans l'Israël de l'époque pré-monarchique et aurait donné à ce groupe de livres une forme littéraire. L'existence de cet Israël autour de l'an 1000 avant notre ère est sérieusement remise en question aujourd'hui par les meilleurs archéologues et historiens de la Palestine[1]. Pour von Rad, pourtant, le « Yahwiste » est le témoin d'un « siècle des lumières salomonien ». Il va plus loin : « On a eu raison d'estimer que la maîtrise artistique de ce narrateur était l'une des productions les plus grandes de l'histoire de la pensée humaine de tous les temps[2]. » Aujourd'hui, on n'insiste plus, ou plutôt on ne croit plus à une composition littéraire du Pentateuque qui serait le résultat de la combinaison de différentes sources. Et on n'y croit plus parce qu'il n'est pas plausible « d'admettre l'existence de sources indépendantes *écrites*, qui auraient d'abord existé chacune pour elle-même et qui n'auraient été agencées ensemble qu'au cours d'un stade rédactionnel secondaire[3] ».

---

1. L'historicité de David est mise en question aujourd'hui. Le monde quasi imaginaire décrit dans les deux livres de Samuel et le premier livre des *Rois* est antérieur au Hadadézer, roi de Damas, que les textes assyriens permettent de dater vers le milieu du IXe siècle. Le Damas de l'époque de David, au centre de son activité belliqueuse, aurait donc été du début du Xe siècle, mais le roi David n'est aucunement connu en dehors de l'historiographie biblique.

2. Cité par A. DE PURY et Th. RÖMER, *Le Pentateuque en question*, *op. cit.*, p. 42.

3. Rolf RENDTORFF, « L'histoire biblique des origines (Genèse 1-11) dans le contexte de la rédaction "sacerdo-

Il a été impossible « de reconstruire à peu près complètement ne serait-ce que l'une de ces supposées sources ». Les biblistes acceptent aujourd'hui que les récits que la Bible contient ont été mis par écrit assez tard et parfois sans rapport direct avec les événements que ces récits relatent. C'est précisément l'absence d'un contexte historique solide qui donne au Pentateuque une dimension littéraire en invitant à le considérer parfois comme une œuvre foncièrement « classique ».

Deux voies traditionnelles s'ouvrent à l'interprétation biblique. Pour la tradition juive, celle de la Septante, les textes de Qumrân, Philon d'Alexandrie, Flavius Josèphe, les livres du Nouveau Testament ou les textes rabbiniques, le Pentateuque est compris d'abord comme la Loi d'Israël. Pour la tradition chrétienne, en revanche, le Pentateuque est avant tout l'histoire d'Israël. À ce propos, le long discours d'Étienne avant d'être lapidé, qu'on peut lire dans les Actes des Apôtres 7, 1-50, est un exemple de ce qu'était la vulgate de l'histoire du peuple hébreu à partir d'Abraham ; Étienne déborde un peu le Pentateuque en mentionnant

tale" du Pentateuque », dans *Le Pentateuque en question*, *op. cit.*, pp. 83-94 ; p. 84.

très brièvement Josué, David et la construction du temple par Salomon.

Faire du Pentateuque exclusivement le livre de la Loi, la Torah, est une position intellectuelle qui concerne un groupe bien défini de personnes. Pour elles, il n'y a sûrement pas un problème de rédaction finale. Si on laisse de côté les positions doctrinales de tendance fondamentaliste auxquelles peut amener une lecture strictement littérale du Pentateuque, il me paraît qu'accepter en bloc la Torah révèle une attitude intellectuelle beaucoup plus en accord avec ce qu'est un livre religieux que l'attitude des biblistes qui ne voient, dans le Pentateuque, que des couches textuelles selon les époques et les scribes.

Quel est le rapport du Pentateuque avec les livres qui le suivent ? L'unité de la narration qui s'étend du Deutéronome au deuxième livre des Rois pose le problème de l'origine exacte de ce bloc de textes. On peut soutenir que la présence d'éléments « deutéronomiques » dans le livre de la Genèse permet de dater l'histoire des patriarches d'avant la rédaction exilique ou post-exilique du Deutéronome et conclure qu'il y a eu des premières étapes littéraires, aux datations hautement imprécises, constituées par des familles de textes, chaque famille s'appliquant à développer un aspect de la vie religieuse et politique des Hébreux. Mais on peut dire aussi que la notion théologique de l'alliance conclue entre Yahvé et Abraham selon la Genèse 15 et de celle conclue par Josué au nom de son peuple selon le chapitre 24 de son livre, est une notion d'époque deutéronomique ce qui impliquerait une date tardive pour ces textes. L'ensemble littéraire, qui englobe Deutéronome, Josué, Juges, Samuel et Rois, serait soit de l'époque de l'exil – à partir de 587, après la prise de Jérusalem, soit post-exilique – à partir de 538, avec l'édit de Cyrus. En conséquence, le bloc Genèse, Exode, Lévitique et Nombres aurait été composé pour fournir au discours deutéronomique son point de référence littéraire sans tenir compte des anachronismes existants. Quoi qu'il en soit, le credo historique apparaît comme un produit de la théologie de l'époque exilique ou, plutôt, post-exilique[1].

Le credo liturgique n'est pas pour son auteur le résumé historique du passé, mais le croquis qui va lui servir dans son écriture de l'histoire.

1. Ici, j'ai suivi de près l'étude d'A. DE PURY et Th. RÖMER dans *Le Pentateuque en question*, *op. cit.*, pp. 10-80.

Nous nous trouvons dès lors non pas devant une donnée historique qui nous instruit sur le passé des Hébreux comme une inscription pourrait le faire, mais devant un texte liturgique qui nous met d'emblée face au problème de leur religion, car l'épopée remémorée par le credo s'intègre dans une vision générale de l'histoire du salut du peuple d'Israël. Le credo est la conséquence d'une position théologique face à une réalité historique spécifique ; cela ne veut pas dire que cette réalité soit perçue par le croyant de manière distincte et c'est peut-être le manque de contours bien définis qui permet au croyant de formuler sa profession de foi. Pensons au credo chrétien qui est une réussite historique mais, tout de même, artificielle. Dans un contexte purement liturgique, le credo chrétien reflète des bribes d'une réalité historique — la vie d'un personnage nommé Jésus, mais surtout les prises de position des écoles judéo-chrétiennes et des évêques dans les premiers conciles œcuméniques dont l'existence historique est également indéniable.

Le Deutéronome est pour son auteur une réflexion sur le passé. On a dit que le livre « présuppose la crise de la relation entre Israël et son Dieu, ou la crise des normes selon lesquelles cette relation peut être jugée. Or, cette crise est celle dont parlent les Prophètes pré-exiliques ou, plus précisément encore : elle est la crise que les prophètes pré-exiliques ont été les premiers à reconnaître et à diagnostiquer comme une crise religieuse[1] ». Le Deutéronome se préoccupe par conséquent de repenser et de reformuler ce qui jusqu'alors était le droit en vigueur. Ce qui s'accomplit dans le Deutéronome est analogue, dans une certaine mesure, à ce qui s'est produit, par exemple, en Grèce au temps de Solon. Un texte du Deutéronome 27, 8, en effet, imagine Moïse ordonnant au peuple d'édifier un autel de pierres brutes et d'y écrire toutes les paroles de la Loi, une pierre qu'il fallait placer au milieu du peuple, justement comme les lois de Solon écrites, elles, sur une machine faite de poutres de bois montées sur des cadres verticaux et mobiles[2]. Dans chaque cas, il s'agissait d'enrayer l'effondrement des

1. H. SCHMID, « Vers une théologie du Pentateuque », dans *Le Pentateuque en question*, *op. cit.*, p. 371.

2. Le texte établit, explique, tranche, et cela du Code d'Hammurabi jusqu'aux lois que Strabon vit sur la place publique en débarquant à Marseille. Voir l'étude de M. DETIENNE, « L'espace de la publicité : ses opérateurs intellectuels dans la cité », dans *Les Savoirs de l'écriture. En Grèce ancienne*, M. Detienne (éd.), Presses Universitaires de Lille, 1988, pp. 29-81 ; pp. 31-32. Comme nous le fait comprendre le Tarif de Palmyre (CIS

structures existantes et de l'ordre ancien par une moralisation de la religion et un renforcement des normes éthiques et cela devant tout le peuple. Le Deutéronome indique la voie dans laquelle le peuple hébreu doit marcher. Ce livre l'oblige à assumer son passé. « C'est afin de susciter cette réaction que fut rédigée l'*historiographie deutéronomiste* : toute l'histoire d'Israël, de Josué à l'exil, fut pesée à l'aune du Deutéronome[1]. »

La rédaction, à une époque tardive, du Deutéronome avec les réformes qu'il prescrit, a pu encourager la composition des quatre premiers livres du Pentateuque qui deviennent ainsi, comme on l'a fait remarquer, une réponse à la catastrophe politique et à la crise que représentaient la chute de Jérusalem en 587 et l'exil. Il était possible à l'époque post-exilique de se rattacher à une collection de traditions anciennes qui, bien avant la catastrophe, avaient élaboré des modèles de pensée prêts à devenir opérationnels au moment de la crise. Ce rassemblement de textes serait-il le fruit de l'inventivité d'une personne ? Ici entre en jeu

---

II 3913), les traditions et les coutumes sont respectables, mais seule une loi inscrite évite les querelles.

1. H. SCHMID, « Vers une théologie du Pentateuque », art. cité, p. 372.

le récit d'Esdras, voire ce qui fut accompli par une poignée d'intellectuels que la tradition juive vénère sous le nom d'Esdras. Disons que la restauration d'Esdras pouvait renouer avec une tradition et un savoir depuis longtemps entrés dans la conscience du peuple hébreu[1]. Dans le livre d'Esdras 7, 25, nous trouvons une phrase décisive qui montre que l'Empire perse entérinait d'une certaine manière cette tradition. La loi juive était « dans les mains » d'Esdras, comme on peut le lire dans la copie, bien sûr imaginaire, du document que le roi perse Artaxerxès lui remit : « Quant à toi, Esdras, en vertu de la sagesse de ton Dieu, que tu as en main, établis des scribes et des juges qui exercent la justice pour tout le peuple de Transeuphratène, c'est-à-dire tous ceux qui connaissent la loi de ton Dieu. Qui ne la connaît pas, vous devrez l'en instruire. Quiconque n'observerait pas la loi de ton Dieu – qui est la loi du roi – qu'une rigoureuse justice lui soit appliquée : mort, bannissement, amende ou emprisonnement » (7, 25-26). Ce texte s'avère être un document qui valide la

1. H. SEEBASS, « Que reste-t-il du Yahwiste et de l'Élohiste ? », dans *Le Pentateuque en question*, *op. cit.*, pp. 199-214 ; p. 213.

loi juive ; il sanctionne le droit local et le rend obligatoire en attribuant « la même autorité juridique et les mêmes effets de droit à la loi du Dieu d'Israël et à celle du roi perse[1] ». Il s'agit d'une loi contraignante comme la loi l'était chez les Perses[2]. La reconnaissance, de la part des Perses, de la Torah fait d'Esdras et des siens les responsables du texte, et la question qui se pose est de savoir si ces intellectuels apportèrent ou non le Pentateuque de la Babylonie, une fois libres et rentrés à Jérusalem. Crüsemann explique : « L'état de la documentation nous oblige à laisser ouverte la question insoluble du profil de la loi d'Esdras, aussi bien que celle de la date de l'œuvre d'Esdras et de son entrée en vigueur. Mais autant cette loi doit-elle avoir été mise en forme, autant doit-elle s'être approchée du Pentateuque achevé : c'est de cette loi qu'est sorti, avant la fin de la période

---

1. F. CRÜSEMANN, « Le Pentateuque, une Torah. Prolégomènes et interprétation de sa forme finale », dans *ibid.*, pp. 339-360 ; p. 347.

2. Crüsemann suivant P. FREI, « Zentralgewalt und Lokalautonomie im Achämenidenreich », dans P. FREI et K. KOCH, *Reichsidee und Reichsorganisation im Perserreich*, OBO 55, 1984, pp. 7-43. Voir déjà J. TEIXIDOR, « Contexto epigráfico y literario de Esdras y Daniel », dans *Simposio Bíblico Español*, Université de Salamanque, Madrid, 1984, pp. 129-140 ; p. 138.

perse, ce que nous connaissons comme étant le Pentateuque. C'est lui, et déjà ses éventuelles formes antérieures, qui a été mis en vigueur, comme loi du Dieu d'Israël, par le roi perse[1]. » On peut même se poser la question : un principe de droit perse serait-il à l'arrière-plan de la composition du Pentateuque ?

Quelle que soit la réponse, admettons qu'il est difficile d'accepter que la première réflexion sur l'histoire d'Israël ou de Juda ait eu lieu seulement à l'époque post-exilique, c'est-à-dire vers la fin du VIe siècle avant notre ère. On ne peut pas exclure d'emblée que ces auteurs, qu'on peut englober sous le nom d'Esdras, aient utilisé des documents anciens et des traditions orales dans la rédaction de leur texte. Des traditions orales liées à un lieu de culte ou à une croyance religieuse ont des chances de vivre longtemps et d'être fiables. Les récits ont derrière eux un développement littéraire, même pré-littéraire, compliqué mais on n'oubliera pas qu'ils ont été écrits dans l'optique d'un Israël unifié après l'exil et surtout dans l'optique d'un yahvisme pleinement évolué. Les auteurs du Pentateuque ont dû tenir compte des situations

1. F. CRÜSEMANN, « Le Pentateuque, une Torah... », art. cité, pp. 349-350.

politiques récentes, et ses récits ont pu être modifiés d'après des règles de célébration dans les divers sanctuaires. Une lecture qui ne soit pas interrompue par une recherche trop académique des couches documentaires révèle facilement dans le cas de la Genèse l'homogénéité d'un texte où se manifeste une tradition linéaire exempte de dictons ou d'anecdotes. La vision du livre comme un ouvrage littéraire s'impose pleinement et rien d'étonnant si l'origine de ces écrits s'avère être le fruit de la réflexion individuelle d'un historien. J. Van Seters soutient très justement que l'auteur post-exilique a vu le passé à la manière des premiers historiens grecs[1]. Arnaldo Momigliano a bien remarqué qu'on peut dresser un bon bilan des contacts entre historiens grecs et perses[2]. On peut sans doute en dire autant des contacts entre écrivains juifs et perses. Est toutefois très embarrassante l'absence de textes extra-bibliques qui puissent éclairer les renseignements du texte hébreu, mis à part, comme l'on verra, les textes araméens

1. J. VAN SETERS, *In Search of History. Historiography in the Ancient World and the Origin of Biblical History*, New Haven, 1983.

2. A. MOMIGLIANO, *Les Fondations du savoir historique*, Paris, les Belles Lettres, 1992, p. 10.

d'Éléphantine qui témoignent des péripéties des Judéens en Égypte.

Quand des Juifs venus de Babylonie commencèrent à reconstruire le Temple de Jérusalem grâce au permis que le roi perse leur avait octroyé, le satrape de la Transeuphratène « et ses collègues » écrivirent à Darius en lui demandant s'il était vrai que Cyrus avait donné ce permis ; le texte d'Esdras 6, 2-5 dit : « Alors, sur l'ordre du roi Darius, on fit des recherches en Babylonie, dans les dépôts où étaient versées les archives, et l'on trouva à Ecbatane, la forteresse sise dans la province des Mèdes, un rouleau dont voici la teneur : Mémorandum, la première année du roi Cyrus, le roi Cyrus a notifié : Temple de Dieu à Jérusalem. Le Temple sera rebâti comme lieu où l'on offre des sacrifices et où l'on apporte des offrandes à brûler. » Suit une description des dimensions que le Temple devra avoir et des dépenses « qui seront couvertes par la maison du roi ». Aux autorités de la Transeuphratène le roi dit : « Voici mes ordres concernant votre ligne de conduite vis-à-vis de ces anciens des Juifs pour la reconstruction de ce Temple de Dieu : c'est sur les fonds royaux – l'impôt de Transeuphratène – que les dépenses de ces gens leur seront exactement, et sans interruption, remboursées. » Ce texte clairement fabriqué était en araméen et devait être celui sur lequel se fonda l'auteur pour rédiger le décret hébraïque d'Esdras 1, 2-4 : « Ainsi parle Cyrus, roi de Perse : Yahvé, le Dieu du ciel, m'a remis tous les royaumes de la terre ; c'est lui qui m'a chargé de lui bâtir un Temple à Jérusalem, en Juda. Quiconque, parmi vous, fait partie de tout son peuple, que son Dieu soit avec lui ! Qu'il monte à Jérusalem, en Juda. » Il est légitime de mettre en question l'authenticité de ces documents. L'auteur voulait bien souligner la bienveillance de Cyrus à l'égard des Judéens. La mention du document reflète certainement l'importance réelle que l'État perse attribuait à l'écrit dans la détermination des droits des gens ainsi que la foi dans le rôle des archives pour écrire l'histoire. Hérodote a dû utiliser des dossiers perses semblables pour dresser sa liste de satrapies (3. 89s), décrire le réseau routier de l'Empire (5.52) ou donner des renseignements sur l'armée de Xerxès (7. 61s).

À l'époque où des auteurs qui sont connus comme Esdras et Néhémie écrivaient, Darius avait fait graver à Behistoun, au cœur de son empire sur la route de Babylone à Ecbatane, une inscription en vieux perse, en élamite et en akkadien qui commémorait les combats des années 522-520. C'était un texte fondateur qui voulait établir Darius comme le seul roi légitime. À la fin, il dit : « Ce texte-là, je l'ai envoyé partout dans les pays ; les gens l'ont copié. » Grecs et Juifs pourtant prenaient leurs distances par rapport à ce type de document. Momigliano remarque : « Grecs et Juifs ont élaboré une histoire qui n'était pas une chronique de rois et de héros, mais la chronique d'une communauté politique. Ces deux types d'histoire politique, grecque et juive, étaient en rupture avec le type de l'histoire perse ou, plus généralement, orientale, qui accorde une place centrale aux exploits des rois et des héros : les histoires grecque et juive reflétaient la vie de sociétés délibérant et agissant en vue d'objectifs clairs sous la direction d'hommes qui voient loin. » Et ce que Momigliano dit sur l'historiographie juive et grecque invite, à mon avis, à réfléchir sur le Pentateuque comme œuvre littéraire. Une remarque nous intéresse au premier chef : « Les historiens grecs disposaient, au contraire des historiens juifs, de critères leur permettant d'évaluer les mérites relatifs de différentes versions. Les historiens bibliques n'ont pas consigné, pour autant que je sache, l'existence de différentes versions d'un même événement. La distinction entre plusieurs versions de la Bible est une application moderne des méthodes grecques aux études bibliques. Dans l'historiographie hébraïque, il n'était pas question de confronter la mémoire collective du passé aux critères objectifs. Si des prêtres avaient falsifié des archives – et il est notoire que les prêtres de tous les siècles ont eu tendance à la fraude pieuse – l'historien hébreu était dépourvu de l'instrument critique qui permettait de dévoiler la fraude[1]. »

Les incongruités du texte du Pentateuque (ou de l'Hexateuque), mais d'autre part la vraisemblance du résultat obtenu par l'auteur du texte biblique me poussent à rappeler les remarques de Thucydide dans le prologue à son histoire de la guerre du Péloponnèse : « Les hommes acceptent et se transmettent sans examen, même quand il s'agit de leur propre pays les uns aux autres, les traditions concernant les événements du passé[2]. » L'auteur biblique peut s'accorder ici avec Thucydide, mais il ne le suivra pas davantage car l'historien grec s'intéresse aux faits ; ce qu'il écrit « est un capital impérissable » et non pas un morceau à

---

1. *Les Fondations du savoir historique, op. cit.*, pp. 18 et 22.

2. THUCYDIDE, *Histoire de la guerre du Péloponnèse*, trad. D. Roussel, Paris, Gallimard, « Bibliothèque de la Pléiade », 1964, I. 20. 1 et 22. 4.

écouter sur le moment « dans un concours ». De son côté, l'auteur biblique nous a laissé un texte qui peut être lu dans un « concours littéraire », ce qui bien entendu n'exclut pas une lecture édifiante. L'interprétation philologique éclaircit le sens littéral de l'écrit sur la base d'une connaissance de la langue, mais une interprétation, que l'on pourrait appeler psychologique, a aussi sa fonction dans l'exégèse de l'écrit même si parfois on en ignore l'auteur. Ce qui compte est de savoir s'il y a la marque d'une individualité. Les mythes ne portent la marque d'aucune individualité. Homère et l'Ancien Testament en revanche relèvent de la compétence de l'interprétation psychologique puisque l'individualité se reconnaît aux particularités et aux divergences de style[1]. Si le Pentateuque est un ouvrage littéraire, il pourra être soumis en toute légitimité aux critères énoncés par la *Poétique* d'Aristote.

Le Pentateuque et le livre de Josué constituent une épopée, c'est le récit des rapports toujours tendus entre un dieu jaloux et violent

1. Voir G. SCHOLTZ, « Herméneutique et dogmatique chez Schleiermacher », dans *La Naissance du paradigme herméneutique*, A. Laks et A. Neschke (éd.), Cahiers de Philologie, 10, Presses Universitaires de Lille, 1990, pp. 280-298.

et un peuple peu soumis qui accepte difficilement l'isolationnisme que lui impose la divinité. Le peuple choisi par Dieu refuse maintes et maintes fois la destinée à laquelle il est appelé. Les épisodes sont très variés et les rêves se confondent avec la réalité. Les événements s'enchaînent avec une certaine logique mais il serait erroné de faire de cette logique une garantie de véracité historique. Le texte biblique remplit sa fonction d'œuvre littéraire, ou religieuse, parce qu'il est vraisemblable et le lecteur en profite puisqu'il est persuadé par ce même enchaînement des événements, quand bien même ils seraient absurdes, ou anachroniques, pour des raisons historiques bien précises. Je trouve dans le texte une logique interne qui le place au-delà de toute analyse historique. L'étude que fait Aristote de l'œuvre d'Homère peut nous servir ici : « Il faut préférer ce qui est impossible mais vraisemblable à ce qui est possible mais non persuasif » (1460a 26). C'est « la primauté absolue du vraisemblable (ou du persuasif) qui remplit seul la finalité de l'art, le plaisir[1] », en l'occurrence on peut dire, l'édification religieuse. On arrive ainsi à cette

1. ARISTOTE, *Poétique*, R. Dupont-Roc et J. Lallot (éd.), Paris, Seuil, 1980, p. 382.

conclusion qui peut nous concerner : « Les gens s'imaginent que, lorsque tel fait entraîne tel autre ou tel événement tel autre, l'existence du second implique celle du fait ou de l'événement premier – or c'est faux. C'est pourquoi, si un premier fait est faux, mais entraîne nécessairement un autre fait ou événement, il faut ajouter ce dernier ; car, puisque nous savons qu'il est vrai, notre esprit conclut par un faux raisonnement à l'existence du premier aussi » (1460a 16-25). Aristote renvoie au chant XIX de l'*Odyssée* où Ulysse sous l'aspect d'un mendiant venu de Crète raconte à Pénélope comment il a rencontré Ulysse. Après avoir décrit en détail les vêtements d'Ulysse (que Pénélope lui avait donnés), le mendiant laisse planer un doute sur son discours : « Mais voici autre chose, et garde-le bien en tête : je ne sais si Ulysse avait ces habits en partant, ou si l'un de ses compagnons les lui offrit à bord, ou encore quelque hôte » (220-240). Le texte nous avertit : « Tous ces mensonges, il leur donnait l'aspect de vérités[1]. » L'épopée relève du langage : ce qui dans la réalité est impossible, dans le discours se présente

1. HOMÈRE, *Odyssée*, trad. Ph. Jaccottet, Paris, La Découverte, 1982.

comme irrationnel. Le discours mimétique, l'œuvre littéraire, en l'occurrence l'épopée, consiste à atténuer, à estomper les différentes formes de l'irrationnel, c'est un discours qui se caractérise par la vraisemblance. À l'intérieur de la dialectique du credo du Deutéronome, dans l'enchaînement des trois éléments – errance, séjour en Égypte et possession de Canaan –, il nous est facile d'accepter le premier élément « mon père était un Araméen errant », voire les récits des patriarches, sans être aucunement obsédé par leur date ou leur véracité historique puisque les deux autres éléments du credo qui s'ensuivent, la présence des Hébreux en Égypte et l'existence du peuple hébreu en Palestine, étaient des faits indéniables. Le livre de la Genèse est une œuvre littéraire qui donne plaisir au lecteur et qui l'instruit.

La critique de Spinoza

Dans son *Traité théologico-politique,* Spinoza nous donne un aperçu de la méthode qu'il faut employer dans l'exégèse du texte biblique : pour « libérer notre pensée des préjugés théologiques et ne pas embrasser à la légère des inventions humaines comme enseignements divins, il nous faut traiter de la vraie méthode d'interprétation de l'Écriture et de l'exposer de manière argumentée ». Cette méthode « ne diffère pas de la méthode d'interprétation de la nature, mais lui est entièrement conforme. En effet, la méthode d'interprétation de la nature consiste principalement à mener une enquête systématique sur la nature, puis à en conclure, comme de données certaines, les définitions des choses naturelles ; de la même façon, pour interpréter l'Écriture, il est nécessaire de mener systématiquement et en toute probité une enquête historique à son sujet, puis à en conclure, par voie de conséquence légitime, comme d'autant de données et de principes certains, la pensée des auteurs de l'Écriture ». Spinoza pense qu'il s'agit d'arriver à connaître leur pensée et d'interpréter l'Écriture par elle-même et que la connaissance de son contenu doit être tirée de l'Écriture même, « tout comme la connaissance de la nature doit se tirer de la nature même[1] ». Mais Spinoza insiste beaucoup sur la difficulté de comprendre le texte hébreu à cause de la structure de la langue : ambiguïté des lettres, des conjonctions et des adverbes et,

1. SPINOZA, *Tractatus theologico-politicus*, *op. cit.*, chap. VII, 2, pp. 279-281.

surtout, pauvreté du système verbal pour ne pas parler de l'absence de vocalisation, inventée et instituée « par des hommes d'une époque postérieure dont l'autorité ne doit pas valoir pour nous ». Spinoza rejoint en partie les idées de Maïmonide, l'auteur du XIIe siècle[1]. La remarque de Spinoza ouvre la porte à un certain scepticisme : « Nous pouvons comprendre avec certitude la pensée de l'Écriture touchant les choses nécessaires au salut et à la béatitude. Aussi n'est-il pas besoin de se préoccuper au même degré du reste ; car le reste relève plus de la curiosité que de l'utilité puisque, pour la plus grande part, nous ne pouvons le saisir par l'entendement et la raison[2]. »

Spinoza va encore plus loin. Les Anciens, d'après lui, ont négligé la connaissance historique et critique de l'Écriture ou, s'ils l'ont écrite ou transmise, elle a péri par l'injure du temps. « Cela aurait encore été tolérable si leurs successeurs s'étaient tenus dans de justes limites et s'ils avaient transmis avec bonne foi

1. MAÏMONIDE, *Le Guide des égarés*, la vieille traduction de S. Munk, de 1856, reprise en 1970, est maintenant publiée aux Éditions Verdier, Lagrasse, 1979. Je cite les pages 173-174.

2. SPINOZA, *Tractatus theologico-politicus*, *op. cit.*, chap. VII, 12-13 et 17, p. 311.

à la postérité le peu qu'ils avaient reçu ou trouvé, sans rien tirer de nouveau de leur propre cerveau. » Les renseignements historiques donnés sur l'Écriture ne sont pas seulement incomplets, mais menteurs. Les fondements de la connaissance des Écritures, pense Spinoza, ne sont pas seulement insuffisants en nombre, de sorte qu'on ne peut rien édifier de complet sur eux, mais fort défectueux en qualité[1]. Après des siècles de conviction que Moïse était l'auteur du Pentateuque, les lecteurs commencèrent à se poser toutes sortes de questions, la première étant : comment Moïse aurait-il pu décrire sa propre mort ? Spinoza va tirer la conclusion que si le Pentateuque a perdu son auteur, le texte lui-même disparaît ; le texte disparaît comme un tout qui était cohérent à cause de la figure de Moïse. Spinoza va essayer de présenter le Pentateuque d'une manière plus rationnelle. Il est bien conscient que les hommes « défendent obstinément ce qu'ils ont embrassé sous couleur de religion ; aucune place, semble-t-il, n'est plus laissée à la Raison, sauf chez quelques-uns d'entre eux, relativement peu nombreux – si loin s'étendent les préjugés qui ont occupé les

1. *Ibid.*, chap. VIII, 1, p. 325.

esprits[1] ». Différentes observations d'Ibn Ezra et les siennes amènent Spinoza à dire que les Écritures – du Pentateuque aux Rois – ont une unité littéraire, qu'elles sont l'œuvre d'un seul auteur. La simplicité de dessein de tous ces livres, leur rattachement et leur composition postérieure de beaucoup de siècles aux choses racontées, pousse Spinoza à conclure qu'Esdras est l'auteur des livres[2], quitte à accepter qu'il y a eu des ajouts, par exemple le Deutéronome qui est pour lui un livre indépendant. À propos du *Traité* de Spinoza, Paolo Sacchi a commenté très justement que si, suivant Spinoza, on avait cherché dans le livre biblique l'auteur plutôt que les matériaux qui le constituent, la recherche aurait suivi un chemin bien différent[3]. Les réflexions critiques de Thomas Hobbes (1588-1679) dans *Léviathan* (chap. XXXIII) recoupent maintes idées de Spinoza. Voici à propos de Moïse : « Nous lisons au dernier chapitre du Deutéronome, à propos du sépulcre de Moïse, que *nul homme ne connaît son sépulcre*

1. *Ibid.*, chap. VIII, 2, p. 327.
2. *Ibid.*, chap. VIII, 12, p. 347.
3. P. SACCHI, « The Pentateuch, the Deuteronomist and Spinoza », *Henoch*, 20,1998, pp. 291-303 ; p. 294. Voir aussi CRÜSEMANN, « Le Pentateuque, une Torah... », art. cité, pp. 345-347.

jusqu'à ce jour, c'est-à-dire jusqu'au jour où ces paroles furent écrites. Il est donc manifeste que ces paroles ont été écrites après que Moïse eut été enterré. Ce serait en effet une étrange interprétation que de dire que Moïse a dit de son propre sépulcre (quand bien même il aurait prophétisé) qu'on ne l'a pas trouvé jusqu'à un jour où il vivait encore[1]. »

Le *Traité* de Spinoza est de 1670, antérieur de huit ans à l'œuvre de Richard Simon (1638-1712), prêtre de l'Oratoire, qui écrivit une *Histoire critique du Vieux Testament.* On ne sait pas si Simon avait lu le *Traité* quand il composa son ouvrage dont la publication n'eut lieu qu'en 1685. Ernest Renan a très bien raconté que le jeudi saint de 1678 Bossuet courut chez le chancelier Le Tellier pour empêcher la publication de l'*Histoire critique* de Simon, et que de La Reynie, lieutenant de police, saisit aussitôt les exemplaires du livre. Renan ajoute : « La rage du rhéteur contre l'investigateur qui vient déranger ses belles phrases éclata comme un tonnerre. Esprit étroit, ennemi de l'instruction qui gênait ses

1. Th. HOBBES, *Léviathan. Traité de la matière, de la forme et du pouvoir de la république ecclésiastique et civile*, trad. F. Tricaud, Paris, Dalloz, 1999, p. 405.

partis pris, rempli de cette sotte prétention qu'a l'esprit français de suppléer à la science par le talent, indifférent aux recherches positives et au progrès de la critique, Bossuet en était toujours resté, en fait d'érudition biblique, à ses cahiers de la Sorbonne. » En comparant Spinoza et Simon, Renan dit : « Spinoza fut le Bacon de l'exégèse ; il entrevit une méthode qu'il ne pratiqua pas avec suite ; Simon en fut le Galilée ; il mit résolument la main à l'œuvre, et, avec un surprenant génie, éleva d'un seul coup l'édifice de la science sur des bases qui n'ont pas été ébranlées[1]. » Avec Simon les études bibliques eurent en effet un nouveau départ. Yovel fait des observations qui me paraissent très pertinentes ici. À propos de la philologie humaniste qui avait tellement avancé à la Renaissance, il dit : « [Elle] fit aussi de remarquables progrès dans la recherche biblique. Ironie, ce fut la Bible polyglotte du cardinal Cisneros – ancien inquisiteur général, persécuteur des marranes – qui impulsa de façon significative l'étude philologique de la Bible. Ce mouvement connut son point culminant avec

1. Voir les remarques de Renan dans sa préface au livre d'A. KUENEN, *Histoire critique des livres de l'Ancien Testament*, t. I, Paris 1866. La préface a été publiée dans *Bulletin d'Ét. Renaniennes*, 70 (1987), p. 5-13.

Richard Simon, le plus grand érudit biblique de son temps et, de bien des façons, le père de la critique biblique moderne avec Spinoza. Spinoza, quoique grand érudit biblique, ne pouvait pas rivaliser avec l'immense savoir de Richard Simon ; mais, en ce qui concerne la *méthode*, il offrit une approche plus radicale : la dé-divinisation du texte[1]. »

Spinoza s'appliqua dans le *Traité* à prouver que le but de la foi biblique n'est pas la vérité mais l'obéissance ; de fait, on a pu dire qu'il chercha dans l'Écriture « des rapports de signification et non pas de causalité[2] ». Spinoza accusa l'Église d'être devenue une Académie et la Religion, une science, quand elle n'était pas une controverse. Pour lui, la lecture de l'Ancien et du Nouveau Testament doit pousser à l'obéissance et non au raisonnement ; on dirait qu'il stimulait à bon escient la dichotomie entre la foi et la raison pour souligner davantage le caractère irrationnel du sentiment religieux. Pour nous aujourd'hui, cette acceptation aveugle du texte sacré fait difficulté ; il est intéressant pourtant de réfléchir

1. Y. YOVEL, *Spinoza et d'autres hérétiques*, trad. Beaumatin et Lagrée, Paris, Seuil, 1991, pp. 302-303.

2. Voir S. ZAC, *Philosophie, théologie, politique dans l'œuvre de Spinoza*, Paris, Vrin, 1979, pp. 33-44.

à cet effort obstiné de Spinoza pour enlever à l'attitude religieuse de l'ancien Sémite devant son dieu toute réflexion d'ordre philosophique car, au Ier millénaire avant notre ère, à vrai dire, les inscriptions religieuses ouest-sémitiques, qu'elles soient faites par des rois ou par des roturiers, ne révèlent que la foi du charbonnier.

3.

Les populations déracinées

Venons-en au deuxième élément du credo « historique », le séjour en Égypte. Je veux l'étudier à la lumière non pas de l'Exode, mais de la Genèse et de textes extra-bibliques. Ce deuxième élément, qui fait état des Hébreux en Égypte, semble être en rapport, dans l'esprit du rédacteur biblique et de la tradition judéo-chrétienne, avec l'errance du peuple, la croyance dans cette errance justifiant d'un côté la notion de « mon père, un Araméen errant » et, de l'autre, la raison d'être en Égypte, un séjour préalable à la conquête de la Terre promise.

Abraham descendit en Égypte quand la famine pesait lourdement sur le pays (Genèse 12, 1). Plus tard, la situation de pauvreté et de misère dans laquelle se trouvèrent les fils de Jacob les poussa également à descendre en Égypte. C'est clairement affirmé dans la Genèse 42, 2 et 43, 2. Ces textes n'envisagent pas le voyage en Égypte comme appendice à une errance, contrairement à ce que pensait le deutéronomiste pour qui la séquence paraît évidente selon le libellé de son credo. La situation de pénurie dont font état les textes de la Genèse trouve un écho dans des textes égyptiens du XIIIe siècle avant notre ère. Le journal d'un officier de frontière mentionne le mouvement du personnel pendant plusieurs jours du premier mois de la saison de la troisième année du pharaon Merneptah. On y lit une référence aux puits qui se trouvaient dans une colline, très vraisemblablement près de Jérusalem. L'habitude de fortifier les sources d'eau existant le long des routes des caravanes est connue par les textes et plus récemment par les fouilles archéologiques[1]. Également de l'époque de Merneptah, nous avons la lettre d'un fonctionnaire des frontières à son supérieur, le scribe du Trésor. Il lui écrit : « Nous avons fini de permettre aux tribus de Shosou d'Édom de passer par la forteresse de Merneptah-hotep-her-Maât – vie, santé,

1. I. SINGER, « Egyptians, Canaanites and Philistines in the Period of the Emergency of Israel », dans *From Nomadism to Monarchy*, I. Finkelstein et N. Na'aman (éd.), Jérusalem, Biblical Archaelogical Society, 1994, pp. 282-338 ; pp. 286-289.

force, qui est à Tjekou, jusqu'aux étangs de Per-Atoum de Merneptah-hotep-her-Maât qui est à Tjekou, afin de les maintenir en vie et de maintenir leurs troupeaux en vie selon le bon plaisir de pharaon, vie, santé, force, le soleil parfait de tout pays[1]... » La famine qui frappait les Hébreux était d'ailleurs générale. Au IIe millénaire avant notre ère, des lettres découvertes à Ugarit font état d'une grave famine en Anatolie, chez les Hittites, qui eurent eux aussi recours à l'Égypte, traditionnel « grenier à blé » de l'Antiquité. Le souverain hittite y acheta des céréales qu'il fit acheminer par les bateaux d'Ugarit, le petit État de la côte syrienne qui était sous son contrôle. D'autres lettres retrouvées récemment montrent qu'Ugarit souffrait du même mal et que son roi demanda au pharaon de lui envoyer du grain. Dans les deux cas, il est bien dit qu'il s'agit d'une question de vie ou de mort.

L'auteur biblique savait que les Hébreux allèrent en Égypte mêlés à d'autres groupes, tous fuyant la famine qui sévissait en Canaan. Jacob et ses fils, nous dit-on, partant pour l'Égypte, laissèrent derrière eux une ville,

---

1. J. Briend et M.-J. Seux, *Textes du Proche-Orient ancien et histoire d'Israël*, *op. cit.*, p. 68.

Bersabée, et des terrains qu'ils avaient cultivés, la transhumance des tribus ne signifiant pas l'éloignement de la ville mais, bien au contraire, la supposant. Une transhumance ininterrompue n'est pas possible et la société patriarcale décrite par la Genèse ne pouvait être que dimorphe, associant au pastoralisme un minimum d'exploitation agricole. En marge de toute réalité historique, la mémoire d'un passé nomade, de transhumance, en contraste mais aussi en relation avec la vie urbaine, apparaît comme incontournable, installée au plus profond de la mémoire du peuple.

Aussi fort que ce souvenir devait être celui de l'oppression subie par les Hébreux en Égypte dont ils n'avaient réussi à se libérer qu'avec l'aide de Moïse. Le credo historique du Deutéronome nous l'apprend fort bien, et la Genèse 15, 13, tel un oracle précoce dans la perspective de l'auteur du livre, annonçant le futur mais en l'occurrence une prophétie *post eventum*, précise que l'esclavage des Hébreux en Égypte allait durer quatre cents ans. Le discours national était capable de faire remonter la vision d'un séjour en Égypte à l'époque d'Abraham, mais c'était un présage tronqué car, dans le récit de la Genèse, à aucun moment ne sont maltraités en Égypte les fils de Jacob. Il y a plus d'une version du séjour en Égypte et du départ du peuple ; le thème de l'esclavage et de la libération aurait été incorporé par hostilité à l'égard de l'Égypte, comme nous le verrons plus tard. La Genèse 15, 13, d'autre part, ne mentionne pas la conquête de Canaan ; elle apparaîtra ailleurs, dans le livre de Josué. La notion de conquête découle, en dernière analyse, de la conviction qu'il y avait eu après l'Égypte une marche, nous ne disons pas une errance, vers un territoire à conquérir. Pour arriver quelque part il fallait venir de quelque part, et l'Égypte était le meilleur candidat pour être le pays d'où partir à la conquête de Canaan.

Il faut placer le deuxième élément du credo – le séjour en Égypte – dans un contexte historique qui le rend vraisemblable et le dissocie de l'« Exode » (sans doute légendaire) dont fait état le deuxième livre du Pentateuque. Une question s'impose : Qui sont ces Hébreux d'Égypte ?

Sous les règnes de Nabuchodonosor et de ses successeurs, le royaume néo-babylonien, à partir de 626 avant notre ère, reprit l'héritage de l'administration assyrienne en Syrie-Palestine. Pour Nabuchodonosor (604-562), la conquête de la Syrie voulait dire déloger les Égyptiens de la Syrie, la Phénicie et la Palestine. Après plusieurs tentatives pour établir des têtes de pont sur la rive droite de l'Euphrate aux environs de Karkémish, l'ancienne ville de haute Syrie (aujourd'hui Jerablus), Nabuchodonosor l'attaqua avec une grande armée. Karkémish avait été réduite à l'état de province assyrienne par Sargon après 717[1]. Le texte de la chronique babylonienne résume ainsi l'opération : « Quant au reste des troupes égyptiennes qui avaient échappé à la défaite et qui étaient indemnes, les troupes [babyloniennes] les rejoignirent [dans le district de Hamath] et les battirent si bien que pas un seul homme ne rentra dans son pays[2]. » La victoire de Karkémish ouvrait la porte du Proche-Orient aux Babyloniens, et la prise de Jérusalem ne fut que la conséquence d'une série de positions politiques de la part de Juda dont profita amplement le roi de Babylone. Le livre du prophète Jérémie (2, 15 et 19) parle d'un royaume de Juda soumis à

1. On connaît les gouverneurs de la première moitié du VIIe siècle, voir J. D. HAWKINS, *Corpus of Hieroglyphic Luwian Inscriptions*, vol. I, Berlin-New York, de Gruyter, 2000, pp. 73-79.

2. J. BRIEND et M.-J. SEUX, *Textes du Proche-Orient ancien et histoire d'Israël*, *op. cit.*, pp. 138-139, n. 6 ; A. K. GRAYSON, *Assyrian and Babylonian Chronicles*, Locust Valley, NY, 1975, p. 98, 16 et p. 102, 13.

deux puissances : « Contre lui des lions ont rugi, poussé leur hurlement [...]. À quoi bon partir en Égypte pour boire l'eau du Nil ? à quoi bon partir en Assyrie pour boire l'eau du Fleuve ? » Il ne s'agit pas pour Juda de choisir ; le texte souligne seulement que le pays est sous l'hégémonie de deux puissances. Toutefois, différents témoignages littéraires mettent en relief une forte présence militaire égyptienne non pas seulement à Megiddo mais beaucoup plus au nord, à Hamath, Alep et même à Karkémish et Harrân. Les Égyptiens y étaient pour contrôler les routes commerciales de la côte orientale de la Méditerranée. En 609, le pharaon Néchao II, sous prétexte d'aller secourir les Assyriens, marcha vers le nord. D'après le deuxième chapitre du livre des Rois (23 29), Josias voulut lui barrer la route à Megiddo. D'autres sources présentent la rencontre comme une confrontation militaire qui n'était pas dépourvue pour les deux monarques d'une signification religieuse puisque Néchao dit suivre l'ordre divin de faire la guerre[1]. Josias mourut sur le champ de bataille. Après sa mort, le peuple prit Joachaz, son fils, comme roi, mais le pharaon l'enleva de Jérusalem,

1. II Chroniques 35, 20-22.

imposa au pays une contribution de cent talents d'argent et d'un talent d'or et établit roi son frère Eliaqim ; il changea son nom en celui de Joiakîn. Le pouvoir du pharaon sur le pays était absolu. La guerre de Megiddo est pour Hérodote (II 159) une guerre entre Égyptiens et Syriens. L'historien grec ajoute qu'après Megiddo, Néchao s'empara de Cadytis « qui est une grande ville de Syrie ». On traduit d'habitude Cadytis par Gaza, mais il paraît étonnant que le pharaon ait conquis Gaza qui était toujours sur le chemin égyptien de la mer vers la Syrie. Il s'agit probablement de Qades, la ville syrienne. Juda resta sous la domination de l'Égypte. Les Judéens, d'ailleurs, étaient enrôlés dans l'armée égyptienne et, d'après Bérose, cela fut le cas lors de la bataille de Karkémish perdue par les Égyptiens ; il est possible que cette participation militaire de Judéens dans une armée omniprésente en Syrie ait déjà existé plusieurs années auparavant.

La situation politique de Juda changea en 599, la sixième année du règne de Nabuchodonosor. Le roi Joiakîn refusa de payer le tribut à Babylone, convaincu qu'il l'était du soutien de l'Égypte, et Nabuchodonosor envoya contre Jérusalem des « détachements » de Chaldéens, d'Araméens, de Moabites et d'Ammonites qui étaient déjà au service de Babylone ; le texte du livre des Rois ajoute que le roi d'Égypte ne sortit plus de son pays, car le roi de Babylone avait conquis depuis le Torrent d'Égypte jusqu'au fleuve de l'Euphrate, en fait tout le territoire qui avait été sous le contrôle égyptien. Une première déportation de Judéens vers la Babylonie eut lieu à cette époque-là ; elle incluait le roi, la famille royale, des dignitaires et des nobles. La deuxième déportation arriva plus tard, pendant le règne de Sédécias, le roi que Nabuchodonosor avait placé à Jérusalem. Psammétique II, successeur de Néchao, conduisit une expédition en Syro-Phénicie. Le voyage n'était pas, semble-t-il, une expédition militaire, mais une visite diplomatique dans laquelle la religion allait jouer un rôle important. Psammétique, en effet, était accompagné d'un prêtre d'Amon bien choisi, c'était Pétéisis, le seul qui pouvait répondre à toutes les questions concernant ce dieu[1]. La visite du pharaon a dû encourager les nationalistes, c'est-à-dire ceux qui étaient contre Babylone. Sédécias, on le sait, se révolta

1. É. DRIOTON et J. VANDIER, *L'Égypte*, Paris, PUF,1962, pp. 596, 619 ; cf. papyrus Rylands IX (CDP II 64-65).

contre Nabuchodonosor bien qu'il eût prêté serment par Dieu. Le prophète Ézéchiel lui-même prit le parti de Nabuchodonosor contre Sédécias : le roi de Babylone l'obligea à prêter serment après avoir enlevé les grands du pays, « afin que le royaume demeurât modeste et sans ambition, pour garder son alliance et y être fidèle ». Par le serment prêté au roi babylonien, auquel se réfère le texte d'Ézéchiel (17,12-15), Babylone voulait précisément empêcher, comme le remarque Flavius Josèphe dans les *Antiquités juives* (X, 102), le rapprochement de Juda avec l'Égypte. Ce n'est pas la première fois qu'un texte biblique permet de découvrit que l'Égypte exerçait une grande fascination sur les Judéens. Dans des documents autres que la Bible, les rapports de Juda avec l'Égypte sont difficilement visibles. Parmi les ostraca hébreux trouvés à Lakish, il y en a un, le III, de la fin du VIIe siècle, qui fait état d'un militaire, « un chef d'armée », qui va en Égypte. Il est porteur d'un message envoyé du royaume de Juda à l'Égypte à une époque où la politique extérieure de Jérusalem était l'objet d'une polémique interne aiguë entre partisans de l'Égypte et partisans des Babyloniens. Des détachements de l'armée de Nabuchodonosor étaient toujours prêts pour l'attaque. Un autre ostracon, le

IV, dit qu'on attend pour connaître le sort du village d'Azéqah le signal de Lakish, sans doute une référence aux signaux de fumée grâce auxquels on se transmettait des informations[1]. L'absence de signal voudrait dire que le village, à une vingtaine de kilomètres au nord-est de Lakish, avait déjà été pris par les armées de Nabuchodonosor.

Le roi de Juda semble avoir rompu avec une partie de la population qui, d'accord avec le prophète Jérémie, favorisait l'entente avec les Babyloniens pour éviter le pire. Yahvé va combattre contre Juda : « Je livrerai Sédécias, le roi de Juda, ses serviteurs et la population de cette ville qui aura échappé à la peste, à l'épée et à la famine, entre les mains de Nabuchodonosor, roi de Babylone, aux mains de leurs ennemis et aux mains de ceux qui en veulent à leur vie ; il les passera au fil de l'épée sans merci, ni ménagement ni pitié[2]. » Les textes reflètent bien la confusion dans laquelle vivait le pays. En 588, on approche de la fin. Dans une atmosphère de tension, en proie à tous les

1. J. C. L. GIBSON, *Textbook of Syrian Semitic Inscriptions*, Oxford, 1971, vol. 1, pp. 38-43.

2. Jérémie 21, 1-7 et 37, 3-10. Dans le livre de Jérémie les événements sont séparés à cause de l'interruption du siège de Jérusalem par Nabuchodonosor.

problèmes créés par le siège des Babyloniens, Jérémie, en prison, est poussé par Yahvé à acheter le champ de son cousin (chap. 32). L'étonnement du prophète est compréhensible, mais il obéit. Le prophète dit à Baruch de prendre les documents, l'acte d'acquisition, l'exemplaire scellé comme la copie ouverte, et de les mettre dans un vase de terre, de façon qu'ils se conservent longtemps : « On achètera encore des maisons, des champs et des vignes en ce pays » (32, 14-15). Le pays va donc survivre. Yahvé l'avait dit, en s'adressant à ceux qui voyaient dans le pharaon leur sauveur : Jérémie 37, 7-8. L'oracle de Jérémie est pourtant contraire à Babylone. Cet oracle écrit par le prophète « dans un seul livre », fut envoyé à Babylone avec un certain Seraya. Il devait le lire devant l'Euphrate, puis il devait attacher une pierre à l'oracle et le jeter dans l'eau, en disant : « Ainsi doit s'abîmer Babylone pour ne plus se relever du malheur que je lui assène » (51, 9-64). Après la prise de Jérusalem par Nabuchodonosor en 587, beaucoup de ses habitants furent déportés à Babylone, mais d'autres prirent le chemin de l'Égypte contre l'avis du prophète Jérémie.

Une réflexion sur les déportations ne peut pas se passer de quelques remarques sur les Araméens qui sont au centre du bouleversement social auquel les rois assyriens et babyloniens soumirent les populations des territoires conquis. D'après les documents du IXe et du VIIIe siècle, les États araméens occidentaux restaient centrés sur des capitales et la plupart comptaient dans leur population de forts éléments d'origine non araméenne, qu'ils n'avaient pas toujours eu le temps d'assimiler[1]. Les Araméens orientaux, en revanche, restèrent un peu aux marges des sociétés urbaines. Au sud-est de la Babylonie, dans la région entre le Tigre et l'Élam, un bon nombre de tribus araméennes furent capables de former un front contre la domination assyrienne, si pesante, de Sargon et de Sennachérib. Ces Araméens vivaient dans des villes, mais aussi dans des villages dont les noms nous sont connus. Ils étaient à la fois des propriétaires de grands troupeaux et des agriculteurs[2]. Cette population joua un double rôle politique et culturel. La révolte babylonienne de Nabopolassar en 626 contre l'Assyrie trouva sans doute chez eux

1. P.-E. DION, *Les Araméens à l'âge du fer : Histoire politique et structures sociales*, Paris, Gabalda, 1997, p. 239.

2. J.-A. BRINKMAN, *A Political History of Post-kassite Babylonia*, *op. cit.*, p. 274 s., n. 26.

un écho favorable. Les tribus chaldéennes du sud de la Mésopotamie, souvent opposées à la domination assyrienne qui cherchait à maintenir le contrôle de la Babylonie, peuvent être considérées comme un sous-groupe araméen, même si les sources mésopotamiennes semblent distinguer les Chaldéens des Araméens. La langue de ces Chaldéens était certainement l'araméen[1].

L'ethnie araméenne s'était déployée dans des territoires auxquels les Assyriens étaient liés pour des raisons économiques et militaires. Il n'est donc pas surprenant que la langue araméenne ait pu s'introduire à la cour assyrienne et dans l'administration de l'Empire du IXe au VIIe siècle. Nous en avons la preuve dans certains documents akkadiens où les scribes assyriens, après avoir rédigé le texte cunéiforme, ont ajouté des résumés de deux lignes en araméen. Les brefs textes araméens qui accompagnent le document assyrien ont été écrits en fonction des archives et, par conséquent, ils sont secondaires et dépourvus de valeur juridique, mais ils gardent leur caractère de document individuel puisque les noms y sont toujours correctement transcrits suivant les normes d'un parfait bilin-

1. Daniel 2,4 et 1,4.

guisme. Au VIIIe siècle, l'araméen était devenu, à côté de l'akkadien, une langue de chancellerie. L'araméen était en symbiose avec l'assyrien, une symbiose linguistique qui découlait du brassage vaste et systématique auquel les rois assyriens soumettaient les populations des territoires conquis. Des milliers d'Araméens avaient été établis sur les marches frontières du nord et du nord-est de la Mésopotamie et même jusqu'en Iran pour remplacer les populations qu'on avait déportées. L'araméen ne pouvait pas ne pas s'infiltrer dans le milieu des soldats assyriens et leurs familles ; les emprunts lexicaux se produisirent nécessairement dans les deux sens[1]. « La montée des personnes d'origine araméenne dans l'échelle sociale assyrienne est nettement perceptible pendant le dernier siècle

1. F. MALBRAN-LABAT, *L'Armée et l'organisation militaire de l'Assyrie*, Paris-Genève, Droz, 1982, p. 98 ; « The West-Semitic tongue proves to have constantly and progressively "infiltrated" the official languages [de la Mésopotamie] with its day-by-day lexicon, while receiving from them at the same time a series of expressions which would have constituted the particular "identification marks" of Aramaic-speaking civilization all through post-Christian times until the present day » : F. M. FALES, *Aramaic Epigraphs on Clay Tablets of the Neo-Assyrian Period*, Studi Semitici N.S. 2, Rome, 1986, p. 35.

de l'Empire. Les noms propres araméens ne sont plus confinés au monde des marchands, des soldats et des petites gens : ils apparaissent aussi dans les plus hautes sphères de la société[1] », par exemple Naqi'a, la femme de Sennachérib et la mère d'Assarhaddon, ou Adad-guppi', la mère de Nabonide, le dernier roi de Babylone. La compréhension des diverses langues des sujets de l'Empire a dû poser des problèmes à l'administration. Un texte nous dit qu'Assurbanipal était gêné par l'incapacité de ses interprètes à comprendre la langue de gens amenés jusqu'à Ninive[2]. Sargon, dans un texte célébrant la fondation de Khorsabad, dit : « Je fis se fondre et j'installai dans cette ville des populations des quatre coins du monde, de langues étrangères, aux parlers différents, originaires de la montagne ou du plat pays [...] dont je me suis emparés sur l'ordre d'Assur, mon seigneur, par le pouvoir de mon sceptre. Pour les surveiller et les diriger, je leur mandai de vrais Assyriens, d'une compétence universelle, afin de leur apprendre comment se

1. P.-E. DION, *Les Araméens à l'âge du fer*, p. 218.

2. D. D. LUCKENBILL, *Ancient Records of Assyria and Babylonia*, vol. II, The University of Chicago Press, 1927, n° 893.

conduire et la révérence due à la divinité et au roi. »

La politique des déportations était vaste et méticuleuse ; elle déracinait les personnes et leurs langues. On déportait les personnes, mais aussi leurs dieux. Ces dieux sont des divinités topiques qui se manifestent par leurs images, et quand ces images sont arrachées à leurs temples et emportées en exil, les dieux s'éloignent de leurs territoires. Privés de culte, ces dieux sont réduits à l'impuissance. On peut bien imaginer qu'on voulait obliger le déporté, foncièrement religieux, à s'en remettre au dieu de l'ennemi. Les images ne sont jamais détruites, elles sont même susceptibles de retourner en leurs sanctuaires d'origine si la paix se rétablit ou si c'est le vaincu qui devient le vainqueur. Un bon exemple du vide créé par la déportation est donné par le deuxième livre des Rois (17, 24-28). On nous dit que le roi d'Assyrie fit venir des gens de la Babylonie et les établit en Samarie à la place des Israélites déportés. Mais les nouveaux arrivés en Samarie ne pouvaient pas révérer Yahvé, qui était le dieu local, et le texte explique que Yahvé envoya contre eux des lions qui les massacrèrent. Ces lions étaient là suite à la dévastation créée par les Assyriens. On connaissait cette situation au Proche-Orient, c'était même un topos littéraire. Assurbanipal dit qu'une horde de lions avait envahi le sud de la Babylonie. Les déportés en Samarie dirent au roi assyrien : « Les peuples que tu as déportés pour les établir en Samarie ne connaissent pas le rite du dieu du pays, et il a envoyé contre eux des lions. Alors le roi donna l'ordre que l'un des prêtres qu'il avait déportés en Babylonie vienne s'établir en Samarie et qu'il enseigne à la population le rite du dieu du pays. » Tout apocryphe que cet événement puisse être, il n'en explique pas moins la thèse qu'un dieu sans son culte est un dieu peu favorable, voire ennemi. Tous les peuples anciens le savaient.

Les déportés partaient en groupes, par familles, par villages, ce qui les empêchait de se disperser ou de s'enfuir ; parfois ils amenaient avec eux leurs animaux et leurs biens, comme les lits, les tables ou les haches[1]. On peut conjecturer que quand ils partaient avec leurs troupeaux, comme ce fut le cas des nomades placés par Sargon au sud de la Palestine, les tribus venaient d'une région voisine au nord de l'Arabie. Les Assyriens transféraient

---

1. F.M. FALES-J.-N. POSTGATE, *Imperial Administrative Records*, SAA XI, p. 106.

les populations à des endroits éloignés de leur lieu d'origine, essayant toujours d'en repeupler d'autres qu'ils avaient parfois eux-mêmes vidés de leur population. Comme on peut le lire dans un texte d'Assarhaddon, on transférait les gens de la côte à la montagne et de la montagne à la côte. Dans l'inscription de Barrakib, roi de Sam'al, il est question d'une déportation des « filles de l'Orient » en Occident et « des filles de l'Occident » en Orient, un transfert de population fait sans doute par le roi assyrien et auquel a pu contribuer le roi de Sam'al en tant que vassal[1]. Les listes de déportés des textes assyriens ressemblent parfois à celles qui décrivent les troupeaux ; elles énumèrent les hommes adultes, garçons et enfants, puis les femmes et leurs filles, suivies des nourrissons et des tout-petits sevrés. On note toujours la taille des enfants en paumes. La classification par âge et taille est une procédure générale de l'administration assyrienne. Les listes montrent que les déportés étaient originaires de toutes les régions du Proche-Orient. L'acculturation des déportés, une fois arrivés dans leur nouveau

1. J. C. L. GIBSON, *Textbook of Syrian Semitic Inscriptions*, vol. II, Oxford 1975, pp. 80-81.

pays, semble avoir varié selon le lieu, le travail forcé et leur condition. Un bon exemple d'intégration est l'histoire de la mère de Nabonide qui était originaire de Harrân. Adad-guppi', la mère de Nabonide, dévote de Sin, Ningal, Nusku et Sadarnunna à Harrân, appartenait au milieu nettement araméen de cette ville du nord de la Syrie. Quand le texte nous dit qu'elle adorait ces quatre divinités, il faut comprendre que Babylone était le lieu où elle put pratiquer ses dévotions puisque le temple de Sin à Harrân était en ruines. Elle fut amenée captive de Harrân à Babylone probablement en 610 quand Nabopolassar et ses alliés, les Mèdes, détruisirent Harrân. Une fois à Babylone, elle sut s'intégrer dans le milieu de la Cour au point que son fils put devenir roi de Babylone. Le « Recensement de Harrân » nous instruit également sur d'autres Araméens de Harrân établis dans la Babylonie. Il comporte beaucoup de noms théophores du dieu Sin et de son fils Nusku, les divinités de Harrân. D'autre part, l'onomastique babylonienne des Chaldéens montre que pour eux l'assimilation dans la région du sud de la Mésopotamie avait été rapide et aisée. Dans leur lutte incessante pour l'indépendance vis-à-vis de l'Assyrie, leur cause devint celle de la capitale, Babylone.

Les déportés n'étaient nullement des esclaves ; répartis selon les besoins locaux, ils ne possédaient aucun statut particulier, mais ils étaient comptés parmi le peuple assyrien. La description des difficultés que les déportés de Samarie trouvèrent sur le terrain parce qu'ils ignoraient les lois du pays (II Rois 17, 23-29) doit refléter la confusion que le transfert des populations pouvait occasionner. Parmi les déportés habitant la Samarie, nous trouvons des Arabes vénérant une idole appelée Ashima qui est mentionnée dans une inscription araméenne du VIIe siècle avant notre ère récemment découverte à Teima, en Arabie. Le livre de Tobie raconte l'histoire familiale de Tobit à Ninive. Le texte grec, tardif, n'est pas un document historique, mais certaines remarques de l'auteur sur les déportés nous font comprendre que ceux-ci avaient accepté facilement les mœurs des païens ; seul Tobit se présente comme une figure exemplaire, quitte à pactiser avec le roi assyrien en se mettant entièrement à son service. La technique de déportation de Nabuchodonosor ne fut pas différente de celle des Assyriens ; dans le livre de Judith 2, 9, on lit qu'il amena les captifs au bout du monde. Il était prêt à placer Juifs, Phéniciens, Syriens et Égyptiens en des endroits convenables de la Babylonie, selon le témoignage de Polyhistor transmis par Bérose[1]. Nabuchodonosor ordonna d'assigner aux captifs, une fois arrivés, des terres dans les endroits les plus fertiles de la Babylonie. La basse-Mésopotamie mérite à juste titre l'appellation de plaque tournante de toute la région. Les déportés étaient partis par villes, ils restèrent dans le nouveau pays unis par des liens de famille et d'habitudes et retournèrent par villes. Si l'on tient compte de ce phénomène social, on comprend cette phrase du livre de Néhémie 7, 6 à propos des gens qui revinrent de l'exil : « Après avoir été déportés par Nabuchodonosor, roi de Babylone, ils retournèrent à Jérusalem et en Juda, chacun dans sa ville. »

La langue des déportés

Quelle langue parlaient ces déportés une fois en Mésopotamie où on parlait et on écrivait en akkadien ? Ils parlaient probablement un jargon où entraient des mots principalement akkadiens et araméens, auxquels s'en ajoutaient d'autres appartenant aux langues de la périphérie, selon le lieu de provenance du déporté[2]. L'akkadien

1. St. M. Burstein, SANE 1/5 1978, 27.
2. J'ai déjà abordé cette question dans mes cours au

et l'araméen étaient sans doute les deux langues les plus importantes. Puisque un grand nombre de déportés venaient de régions où on parlait l'araméen, il est possible que cette langue soit devenue chez eux un moyen facile de communication, les déportations contribuant ainsi à une aramaïsation du Proche-Orient ancien que je n'hésiterai pas à qualifier d'artificielle. Toutefois, une différence majeure séparait l'akkadien de l'araméen : l'akkadien était la langue du pays possédant une tradition littéraire plus que millénaire, l'araméen, en revanche, était la langue des déportés, d'Araméens de diverses régions du nord de la Mésopotamie et de la Syrie, de la Palestine, de la Transjordanie, et de non-Araméens, comme les déportés de l'Urartu ou d'Égypte. Pour expliquer la diffusion de cet araméen de circonstance, qui n'avait pas derrière lui une homogénéité ethnique, il faudra tenir compte du grand nombre de déportés d'origine et de langues différentes vivant au Proche-Orient, se mêlant entre eux et s'influençant mutuellement pendant plusieurs générations. Ils étaient tous, Araméens et non-Araméens, obligés d'utiliser

Collège de France, voir *Annuaire du Collège de France 2000-2001*, pp. 686-689.

l'araméen parce que c'était la langue qui soudait toutes les différences ethniques ; elle était pour eux le moyen de communiquer. Ce mélange de populations soulève une question sur la spécificité de cet araméen.

Les textes néo-babyloniens « de Neirab » nous invitent à réfléchir. Il s'agit de vingt-sept tablettes écrites en babylonien dont cinq seulement comportent une brève étiquette en araméen. Ces tablettes furent trouvées par les archéologues français à Neirab en Syrie, en 1926-1927. Elles appartiennent à deux époques différentes : la période néo-babylonienne et la période perse. Rédigées, toutes, en Babylonie, ces tablettes constituent les archives d'une grande famille syrienne de la ville de Neirab qui fut déportée en Babylonie. Ces documents font comprendre qu'elle réussit à s'y établir et à avoir une certaine aisance. L'onomastique des membres de cette famille est babylonienne et leur habitat apparaît dans les documents comme étant la « ville des Neirabéens », c'était donc le foyer de ces déportés qui voulurent garder pendant l'exil le souvenir de leur lointaine patrie. Ces déportés retournèrent à Neirab, en Syrie, avec tous leurs documents une fois obtenue l'autorisation de rentrer, tout comme les Juifs retournèrent à Jérusalem et dans d'autres villes de Juda. Le dernier document babylonien de Neirab fut rédigé dans les premières années du règne de Darius Ier (521-486). Ces Neirabéens étaient des petits-enfants ou plutôt des arrière-petits-enfants des personnes qui avaient parlé et écrit l'araméen à Neirab au VIIe siècle, comme nous l'apprennent deux textes épigraphiques conservés au musée du Louvre. Toutefois, les familles venues de Babylone parlaient probablement une langue où se mêlaient l'akkadien et l'araméen. Je ne pense pas m'aventurer beaucoup en disant que ces déportés, et d'autres exilés syriens comme eux, pratiquaient une *diglossia*, mais non pas un véritable bilinguisme[1]. Ce jargon araméen pratiqué par les déportés aura besoin de temps pour acquérir la rigueur nécessaire et devenir une langue littéraire. Le jargon n'est pas un terrain propice où peut naître la tradition textuelle, faute de quoi il n'y a pas de littérature. La naissance de la langue littéraire

1. L'existence d'une vraie *diglossia* ne serait pas étonnante ; pensons au moment où le latin et les langues romanes se côtoyaient avant que le texte littéraire de celles-ci ait encore existé. De l'avis de B. Stock, il faut attendre le Xe, voire le XIe siècle pour avoir le texte formel, B. STOCK, *The Implications of Literacy*, Princeton, Princeton University Press, 1983, pp. 24-26.

requiert la rationalisation d'une tradition orale, ce qui n'a dû commencer qu'avec les scribes des chancelleries perses. Une réflexion à propos de la première lettre de saint Paul aux Corinthiens 14, peut nous intéresser ici : « Celui qui parle la langue des mystères, le mystique, ne parle pas aux hommes mais à Dieu ; celui qui prophétise au contraire parle aux hommes, il édifie, exhorte, console. Celui qui parle la langue mystique, fortifie sa foi ; celui qui prophétise, fortifie celle des autres. Il est clair que dans la société des hommes le deuxième l'emporte sur le premier. Le mystique est comme un instrument de musique inanimé, flûte ou cithare, s'il ne donne pas de manière cohérente les notes, comment reconnaître la mélodie ? Il y a, de par le monde, je ne sais combien d'espèces de langues, et aucune n'est dépourvue de la parole. Si je fais une prière dans la langue des mystères, mon esprit est en prière, mais mon intelligence n'en retire aucun bien. Je prierai avec l'esprit, mais je prierai aussi avec l'intelligence. J'aime mieux dire cinq mots avec mon intelligence pour instruire les autres, que dix mille dans la langue des mystères. C'est pourquoi celui qui parle la langue des mystères doit prier pour avoir le don d'interpréter. »

Ce texte nous concerne. Il me paraît pouvoir

être commenté en dehors d'une réflexion religieuse. En définitive, ce qui compte dans ce système de valeurs n'est pas le langage mais le discours, et c'est la combinaison de l'oral et de l'écrit qui permet ce discours, c'est lui qui rend possible la compréhension et la transmission d'une tradition culturelle. Mais cette combinaison d'oralité et d'écriture ne s'est pas développée partout de manière uniforme. La progression de l'araméen du IXe et du VIIIe siècle avant notre ère fut interrompue par les déportations. Avec l'arrivée des Achéménides au VIe siècle, l'araméen connaît son deuxième départ vers la littérarité. La documentation des règnes de Darius et de Xerxès rend compte de la diffusion générale de l'araméen : on le trouve à Persépolis, en Babylonie, en Égypte, à Sardes, au sud de la mer de Marmara, c'est-à-dire à Daskyleion et à Bursa, sur le plateau iranien. Cette expansion de la langue ne fut pas uniforme, car elle se plia aux parlers locaux sans peut-être jamais les supplanter. Le manque de matériel épigraphique dans le Proche-Orient sémite est déconcertant et il est fort possible que les premières générations de Syriens et de Palestiniens rentrés chez eux après l'exil aient parlé un araméen composite difficile à mettre par écrit. Rappelons que seuls les scribes des diverses chancelleries perses pouvaient écrire un texte. Citons pour exemple le livre d'Esther 3, 12 : quand le roi perse Assuérus (Xerxès) décréta l'extermination des Juifs, « une convocation fut adressée aux scribes royaux pour le 13 du premier mois en vue d'établir les exemplaires des ordres adressés par Aman aux satrapes du roi, aux gouverneurs de chaque province et aux grands officiers de chaque peuple, selon l'écriture de chaque province et la langue de chaque peuple ». L'inscription que Darius fit graver à Behistoun, au cœur de son empire, veut l'établir comme le seul roi légitime. Le document, écrit en vieux perse, en élamite et en akkadien, se termine par la phrase : « Ce texte-là, je l'ai envoyé partout dans les pays ; les gens l'ont copié. » Les versions retrouvées à Babylone en babylonien et à Éléphantine en araméen prouvent que l'ordre royal a effectivement été suivi. Si on se rapporte aux auteurs grecs (Thucydide, Xénophon, Hérodote), il semble que la langue perse ne s'est pas répandue massivement[1].

On pourrait parler d'une nouvelle naissance de l'araméen littéraire à l'époque perse ;

1. P. Briant, *Histoire de l'Empire perse*, Paris, Fayard, 1996, pp. 524-525.

le secrétariat royal a, à ce moment, une grande importance. L'administration de chaque satrapie gardait des contacts serrés avec le pouvoir central. De nombreux secrétaires et scribes composaient la chancellerie impériale sur laquelle se déversait un flot d'informations venues de l'extérieur[1]. Enregistrer ce matériel en araméen, créer une codification écrite en araméen fut l'œuvre des scribes dont bénéficièrent les personnes privées lorsqu'on leur rédigeait des textes de la pratique. Les textes araméens de l'Égypte de l'époque perse proviennent de gens d'origine asiatique, sans doute déracinés, qui n'étaient pas des lettrés. P. Grelot a remarqué que dans ces contrats égyptiens en langue araméenne, « la plupart des témoins sont capables d'apposer leur signature ; mais ils le font parfois en caractères très grossiers, qui témoignent d'une grande maladresse. Sans vouloir opposer à la caste des scribes une masse illettrée qui aurait constamment dû recourir à ses services, il faut reconnaître qu'en bien des cas les gens du peuple avaient recours

1. « Les archives existaient dans chaque capitale satrapique, organisées en fonction d'ordres venus du centre et de traditions locales propres à chaque pays », *ibid.*, p. 78.

aux bons services des écrivains publics[1] ». Cela préparait la voie pour une longue période d'acculturation, comme nous le verrons dans le prochain chapitre.

Le commentaire de Spinoza à Jérémie 29, 1-11

L'intérêt du prophète Jérémie pour les déportés judéens vivant chez les néo-Babyloniens est très significatif. Il se manifeste dans une lettre adressée aux anciens en captivité, aux prêtres, aux prophètes et à tout le reste du peuple déporté de Jérusalem à Babylone. Voici les conseils du prophète : « Bâtissez des maisons et installez-vous ; plantez des jardins et mangez leurs fruits ; prenez femme et procréez des fils et des filles ; choisissez des épouses pour vos fils, donnez vos filles à des hommes et qu'elles enfantent des fils et des filles ; multipliez là-bas : ne diminuez pas ! Recherchez le bien du pays où je vous ai déportés ; priez Yahvé en sa faveur, car de sa prospérité dépend la vôtre » (29, 1-11).

Spinoza ne pouvait pas laisser sans commentaire ce texte étonnant du livre de Jérémie.

1. P. Grelot, *Documents araméens d'Égypte*, Paris, Cerf, 1972, pp. 48-49.

Les remarques de Spinoza nous montrent, une fois de plus, le philosophe comme exégète et penseur original, qui malheureusement n'a pas été suivi dans le domaine de la recherche biblique. Spinoza écrit : « Après la destruction de l'État des Hébreux, la religion révélée cessa d'avoir force de droit. Il n'est pas douteux en effet que, dès que les Hébreux eurent transféré leur droit au roi de Babylone, le royaume de Dieu et le droit divin cessèrent d'exister. Par ce fait même, le pacte par lequel ils avaient promis d'obéir à toute parole de Dieu se trouvait entièrement annulé ; ils ne pouvaient plus l'observer, puisqu'ils relevaient désormais non plus de leur propre droit (comme jadis dans le désert ou dans leur patrie) mais de celui du roi de Babylone, à qui ils étaient tenus d'obéir en tout. C'est ce dont Jérémie les avertit expressément : "Veillez à la paix de la Cité où je vous ai conduits captifs ; car son salut sera votre salut." Or ils ne pouvaient veiller au salut de cette Cité comme le font les ministres de l'État (car ils étaient captifs), mais seulement comme le font les esclaves : c'est-à-dire en se refusant aux séditions, en se pliant à tout avec obéissance, en observant le Droit et les lois de l'État, bien qu'ils fussent très différents des lois dont ils avaient l'habitude dans leur patrie[1]. » Il faut donc se plier à la loi de l'État. Spinoza insiste : « Bien plus, celui qui vit dans un État où la religion chrétienne est interdite est tenu de s'abstenir de ces cérémonies [c'est-à-dire baptême, cène dominicale, prière publique, etc. ; elles sont seulement des signes externes] et pourra néanmoins vivre dans la béatitude. Le royaume du Japon en offre un exemple : la religion chrétienne y est interdite, et les Néerlandais qui y habitent sont tenus par ordre de la Société des Indes orientales de s'abstenir de tout culte extérieur[2]. »

Après avoir détaillé le vaste programme social à suivre, le prophète Jérémie annonce que l'exil durera soixante-dix ans, et alors, Yahvé ajoute : « Je vous ramènerai dans le lieu d'où je vous ai exilés. » On rappellera que ces déportés, encouragés par le prophète à se soumettre à un vrai processus d'acculturation, sont les Judéens exilés par Nabuchodonosor qui, à l'époque perse, retourneront en Palestine (ne parlant plus l'hébreu). Les soixante-dix ans d'exil est un chiffre qui désigne une durée précise et longue,

---

1. SPINOZA, *Tractatus theologico-politicus*, *op. cit.*, chap. XIX, 230-231, p. 11.

2. *Ibid.*, chap. V, 13, pp. 225-227. Il faut ajouter que l'ordonnance provoqua des protestations de la part des pasteurs, voir p. 727, n. 29.

comme le remarque un déporté qui envoya une lettre aux personnes en charge du Temple de Jérusalem pour leur dire de se débarrasser de Jérémie parce que sa lettre était contradictoire. En fait, elle allait seulement contre les faux prophètes qui annonçaient aux déportés que l'exil serait très bref. S. Zac tente de sauver le texte de Jérémie en disant qu'il n'a pas le sens que Spinoza lui attribue : Jérémie, d'après lui, ne dit nulle part qu'il suffit d'être déporté par un ennemi pour que, sans même être citoyen libre, on ait le droit de rompre le pacte conclu avec Yahvé[1].

Je crois au contraire que la thèse de Jérémie est claire. Les Hébreux, commente Spinoza, relevaient désormais non plus de leur propre droit, mais de celui du roi de Babylone. On peut dire de l'exégèse que Spinoza fait du texte du prophète qu'elle représente l'ébauche de sa thèse générale sur l'anachronisme historique du judaïsme, une thèse que Yirmiyahu Yovel a bien expliquée : « Si Spinoza tenait le judaïsme pour anachronique, ce n'était pas qu'il crût que les élus fussent les chrétiens, puisque, on le sait, il rejetait l'idée même d'élection.

1. S. Zac, *Philosophie, Théologie, Politique dans l'œuvre de Spinoza*, *op. cit.*, p. 149, n.1.

L'obsolescence du judaïsme ne lui apparaissait pas pour des motifs théologiques mais au terme d'une analyse purement profane excluant la notion de providence dans un traitement de l'histoire redevable de la seule causalité naturelle. Le judaïsme avait, selon Spinoza, perdu sa raison d'être parce que la nature politique de la religion juive était en déphasage par rapport à la non-existence politique des juifs dans la diaspora. En l'absence d'un corps politique juif, la religion juive devient superflue et, pour soutenir une telle opinion, Spinoza s'en remet à une analyse socio-historique visant à démontrer l'essence théocratique de cette ancienne religion juive : un régime dans lequel les lois de Dieu tenaient également lieu de suprême autorité civile[1]. » Dans l'exil eut lieu un échange de droits à l'égard de l'autorité, le droit du dieu de Juda étant remplacé par celui du roi de Babylone.

Unique et solitaire, comme il le fut, Spinoza pouvait exprimer sa pensée parce qu'on n'était plus au XVIe siècle quand les connaissances étaient constituées, comme l'a bien expliqué Michel Foucault (sans pourtant se référer à

1. Y. YOVEL, *Spinoza et d'autres hérétiques*, *op. cit.*, p. 235.

la thèse de Spinoza), « d'un mélange instable de savoir rationnel, de notions dérivées des pratiques de la magie, et de tout un héritage culturel dont la redécouverte des textes anciens avait multiplié les pouvoirs de l'autorité. Ainsi conçue, la science de cette époque apparaît dotée d'une structure faible ; elle ne serait que le lieu libéral d'un affrontement entre la fidélité aux Anciens, le goût pour le merveilleux, et une attention déjà éveillée sur cette souveraine rationalité en laquelle nous nous reconnaissons[1] ». Et, dans les pages consacrées à l'écriture comme représentation des choses, Michel Foucault remarque : « L'imprimerie, l'arrivée en Europe des manuscrits orientaux, l'apparition d'une littérature qui n'était plus faite pour la voix ou la représentation ni commandée par elles, le pas donné à l'interprétation des textes religieux sur la tradition et le magistère de l'Église, tout cela témoigne, sans qu'on puisse faire la part des effets et des causes, de la place fondamentale prise, en Occident, par l'Écriture. Le langage a désormais pour nature première d'être écrit. » Et plus loin : « Le propre du savoir n'est ni de voir ni de démontrer, mais d'interpréter.

1. M. FOUCAULT, *Les Mots et les choses*, Paris, Gallimard, 1966, p. 47.

Commentaire de l'Écriture, commentaire des Anciens, commentaire de ce qu'ont rapporté les voyageurs, commentaire des légendes et des fables : on ne demande pas à chacun de ces discours qu'on interprète son droit à énoncer une vérité[1]. » Ce dynamisme du langage qui facilite le passage du texte au discours fera naître le commentaire puis la critique ; ce langage qui est en définitive représentation devra être analysé « en termes de vérité, d'exactitude, de propriété ou de valeur expressive ».

Tout cela nous achemine vers le siècle de Spinoza. On l'a déjà entendu parler de la difficulté de comprendre le texte hébreu à cause de l'ambiguïté des lettres, des conjonctions et des adverbes et, surtout, à cause de la pauvreté du système verbal inventé et institué, comme il dit, « par des hommes d'une époque postérieure dont l'autorité ne doit pas valoir pour nous ».

Écoutons encore Michel Foucault sur le langage, ou plutôt sur la critique qu'il faut exercer sur le rôle représentatif du langage. Critique des mots : « Impossibilité de bâtir une science ou une philosophie avec le vocabulaire reçu ; dénonciation des termes généraux qui confondent ce qui est distinct dans la représen-

1. *Ibid.*, pp. 53 et 55.

tation et des termes abstraits qui séparent ce qui doit rester solidaire ; nécessité de constituer le trésor d'une langue parfaitement analytique. »

La critique se manifeste aussi dans l'ordre grammatical « comme une analyse des valeurs représentatives de la syntaxe, de l'ordre des mots, de la construction des phrases ». Elle analyse les types de discours avec la valeur expressive de chacun et les différents rapports que les mots peuvent entretenir avec un même contenu représentatif. « Enfin la critique, en face du langage existant et déjà écrit, se donne pour tâche de définir le rapport qu'il entretient avec ce qu'il représente : c'est de cette manière que l'exégèse des textes religieux s'est chargée à partir du XVIIe siècle de méthodes critiques : il ne s'agissait plus en effet de redire ce qui avait été déjà dit en eux, mais de définir à travers quelles figures et images, en suivant quel ordre, à quelles fins expressives et pour dire quelle vérité, tel discours avait été tenu par Dieu ou par les Prophètes sous la forme qui nous a été transmise[1]. » On pourrait dire que Foucault pensait ici à la critique soutenue que Spinoza fait du texte biblique, critique soutenue et j'oserai dire positive, comme nous le montre

1. *Ibid.*, pp. 94-95.

son commentaire du texte de Jérémie qu'il ne cherche pas à détruire, mais à mettre à sa place dans sa conception de la vie politique et sociale de ce qu'est l'État. « Nous n'avons pas besoin », dit Spinoza dans son chapitre sur la prophétie, « de connaître la cause de la connaissance prophétique [...] nous nous efforçons ici seulement de découvrir les enseignements de l'Écriture pour en tirer nos conclusions comme de données naturelles ; quant aux causes de ces enseignements, nous ne nous en soucions pas[1]. » Par l'imagination, les prophètes ont perçu beaucoup de choses au-delà des limites de l'entendement. Mais l'imagination est « vague et inconstante ». Spinoza se range du côté où sont « les principes certains de la pensée ».

N'oublions pas que son problème initial fut la recherche de la vérité. Dans son *Traité de la réforme de l'entendement*, il formule une série d'exigences qui devront lui permettre de la trouver. L'œuvre de Spinoza sera toujours objet d'étonnement. Son choix de la laïcité en fait un précurseur de la modernité. Renoncer à toute religion historique signifiait un choix d'isolement social. Yovel dit bien qu'il était seul

1. SPINOZA, *Tractatus theologico-politicus*, *op. cit.*, chap. I, 28, p. 111.

parmi les philosophes rationalistes : « Il avait transcendé l'univers conceptuel de Descartes et de Leibniz, mais aussi celui du scepticisme déiste, non moins que de la foi traditionnelle. » Spinoza voulait identifier Dieu à la totalité de l'univers même, ce qui impliquait « un refus du judaïsme et du christianisme bien plus profond que l'athéisme ordinaire ».

Mais, plutôt que de mettre en relief son isolement, je préfère voir dans les premiers paragraphes de ce *Traité de la réforme de l'entendement* le Spinoza qui s'impose une série d'exigences pour avoir accès à la vérité, là où il va trouver le « souverain bien ». Foucault dit de cette recherche précise de Spinoza que « le thème de la réforme de l'entendement au XVIIe siècle est tout à fait caractéristique des liens encore très stricts, très étroits, très serrés entre, disons, une philosophie de la connaissance et une spiritualité de la transformation de l'être du sujet par lui-même[1] ».

1. Ce texte se trouve dans le cours du 6 janvier 1982 : M. FOUCAULT, *L'Herméneutique du sujet. Cours au Collège de France (1981-1982)*, Paris, Gallimard/Seuil, 2001, p. 29.

4.

Judéens et Syriens en Égypte

La présence de Judéens en Égypte est bien documentée par une série d'inscriptions araméennes trouvées en Égypte et datant de l'époque perse. Ces textes, interprétés à la lumière d'écrits araméens plus anciens, peuvent faire remonter facilement l'arrivée de Judéens dans le pays au VIIe siècle avant notre ère. Considérons d'abord ce que signifia pour l'Égypte l'ouverture vers l'Asie occidentale favorisée par la dynastie saïte. Par la voie fluviale ou par des pistes de sable, les Asiatiques rejoignaient Péluse, le port de l'Égypte, puis le Delta. Daphné est le Tahpanesh biblique où, à l'époque du prophète Jérémie, s'étaient réfugiés des Judéens fuyant les guerres des Babyloniens contre la Palestine.

Daphné avait été créée, selon Hérodote, comme bastion contre les invasions des

Assyriens. En 674, en effet, Assarhaddon avait essayé d'envahir l'Égypte mais il fut défait par Taharqâ, le roi des Nubiens. Toutefois, en 671, le roi assyrien réussit à pénétrer dans le pays et chassa Taharqâ de Memphis. Assarhaddon nomma Néchao comme roi de Saïs, établit d'autres dynastes locaux ainsi que des gouverneurs, des contrôleurs des ports et autres personnels administratifs ; il instaura aussi des redevances sacrificielles pour Assur et les autres grands dieux. En 667-666, un nouvel affrontement eut lieu entre Assurbanipal et Taharqâ qui fut forcé de s'enfuir vers Napata ; Assurbanipal serait donc retourné en Égypte. Les inscriptions assyriennes sont rédigées le plus souvent à la première personne, mais il est douteux que le roi lui-même se soit rendu en Égypte pour diriger les opérations. Les responsables égyptiens qui supportaient la cause de Taharqâ furent exécutés à Péluse, Mendès et Saïs. Assurbanipal fit emmener à Ninive des prisonniers parmi lesquels Néchao et son fils Psammétique. Le roi accorda à Néchao des honneurs royaux et, au bout d'un certain temps, renvoya père et fils en Égypte, Néchao comme roi de Saïs et Psammétique comme gouverneur d'Athribis. Plus tard, quand le successeur de Taharqâ remonta le Nil et envahit le Delta,

Néchao lui résista, mais il mourut dans le combat. Le retour d'Assurbanipal entraîna une nouvelle répression ; le roi assyrien nomma Psammétique roi : avec lui, commença la XXVIe dynastie. Le retrait des forces assyriennes permit à Psammétique d'étendre son autorité jusqu'à Thèbes. Lui et ses successeurs vont maintenir la cohésion du pays pendant un siècle et demi, jusqu'à l'arrivée des Perses. La nouvelle dynastie « présente un curieux mélange de modernisme, imposé par les grands changements politiques du temps, et de retour aux traditions intellectuelles et artistiques, comme si le pays voulait puiser dans son passé glorieux des forces de renouveau[1] ». L'Égypte s'ouvre aux étrangers. La naissance d'une nouvelle écriture, le démotique, permit à maint asiatique de mieux s'intégrer dans la culture du pays, c'est un processus d'acculturation dont témoignent quelques documents que je veux étudier ici. Selon Hérodote, des aventuriers de Carie, d'Ionie et de Doride formaient les corps d'élite de l'armée, et Psammétique confia aux Cariens de jeunes Égyptiens à qui enseigner

1. J. YOYOTTE, dans *Dictionnaire de la civilisation égyptienne*, G. Posener (éd.), Paris, Hazan, s.d., p. 257.

la langue grecque. Les Grecs, bien entendu, n'apprirent pas l'égyptien. « Ces jeunes gens », conclut l'historien grec, « sont les ancêtres des interprètes qu'on trouve aujourd'hui en Égypte » (II, 154). Les interprètes, explique Hérodote, sont l'une des sept classes dans lesquelles sont répartis les Égyptiens (II, 164). Vers la moitié du VIe siècle, Amasis laissa sa marque dans le pays. Hérodote affirme : « C'est, dit-on, sous le règne d'Amasis que l'Égypte connut sa plus grande prospérité, tant pour les dons du fleuve à son sol que pour les dons du sol à sa population et pour le nombre de ses villes. »

Il est possible que des contingents asiatiques aient été enrôlés par Psammétique au moment où il acceptait les mercenaires grecs. La politique étrangère des nouveaux monarques se traduit aussi bien par l'ouverture du pays aux soldats et aux marchands venant de toute la Méditerranée que par l'organisation de campagnes militaires au Proche-Orient et en Nubie. Les inscriptions de Psammétique II, d'Apriès et d'Amasis trouvées dans la région de la Première Cataracte prouvent que les rois saïtes s'intéressaient à cette région. Au début du VIe siècle avant notre ère, le gouverneur de la province du Sud mentionne des soldats syriens, grecs et asiatiques sous ses ordres[1]. Un papyrus démotique trouvé à Éléphantine et daté de l'année 41 d'Amasis (529) mentionne dans le groupe de personnes au service de Pharaon, 60 Asiatiques (ḤR) et 15 Syriens (I-ŠWR). On peut se demander si un scribe égyptien aurait ainsi identifié les Judéens ou si, plutôt, il ne les aurait pas considérés comme des « Asiatiques ».

On sait qu'au moment de l'attaque babylonienne contre la Palestine des exilés judéens et syriens prirent le chemin de l'Égypte, les Judéens le faisant contre l'avis du prophète Jérémie. Rappelons l'adresse, frappante, de Jérémie à la diaspora égyptienne. Rarement l'ire d'un dieu s'est manifestée plus violemment que dans le chapitre 44 du livre de Jérémie ; la colère divine va tomber sans pitié sur ceux qui sont partis, d'autant plus qu'ils se sont mis à adorer d'autres dieux. Le texte du prophète met bien en évidence l'importance de la communauté judéenne dans toute l'Égypte. On remarque avec étonnement l'absence, ici, d'une référence ne serait-ce que brève à la libération du peuple accomplie jadis par Yahvé, par l'intermédiaire

1. P. GRELOT, *Documents araméens d'Égypte*, *op. cit.*, pp. 36-37.

de Moïse. Ce silence me paraît digne d'être souligné d'autant plus qu'il y a dans le discours du prophète une sorte de raccourci de l'histoire de son peuple.

L'ouverture vers l'Asie accomplie par les pharaons saïtes et les échanges culturels qui vont s'ensuivre se reflètent amplement dans une série de textes littéraires écrits en araméen ou en araméen transcrit en démotique dont la date de composition pourrait remonter au VIIe siècle. Cette littérature témoigne de l'acculturation des Araméens en Égypte ; de fait, elle est double : Syriens et Asiatiques araméophones écrivent dans leur langue sur des thèmes qui relèvent d'une riche tradition littéraire égyptienne et, en même temps, les Égyptiens acceptent cet araméen qu'ils appellent *'isr*, c'est-à-dire « assyrien », tant était enraciné dans leur vision du monde le pouvoir des Assyriens pour qui l'araméen, au VIIe siècle avant notre ère, comptait en effet comme la deuxième langue de leur empire. On n'oubliera pas que Néchao et son fils Psammétique séjournèrent pour quelque temps à Ninive. Le roi Adon, probablement de Tyr, vers 603 avant notre ère, dans un papyrus trouvé à Saqqarah, demande secours au pharaon, peut-être Néchao II, contre les armées du roi de Babylone qui ont envahi le pays. Adon écrit sa lettre en araméen et donne au pharaon le titre de « seigneur des rois[1] ».

L'ACCULTURATION

Deux compositions méritent d'être mentionnées ici, même si elles nous sont parvenues endommagées : les inscriptions araméennes de Cheik-Fadl et l'*Histoire des deux frères.* Voyons d'abord les inscriptions araméennes de Cheik-Fadl.

Elles furent trouvées par Flinders Petrie, en 1921-1922, près d'Oxyrhinchos, sur la rive droite du Nil, à environ 186 kilomètres au sud du Caire[2]. Les inscriptions sont peintes à l'encre rouge sur les murs d'une tombe d'environ 4 mètres de large sur 5 mètres de long et 2 mètres de hauteur, creusée dans une pierre calcaire au sommet de la montagne. La tombe est décorée par plusieurs panneaux de fresques formant un bandeau autour d'elle. Il

1. J. C. L. GIBSON, *Textbook of Syrian Semitic Inscriptions*, vol. II, n° 21, pp. 110-116.

2. Étudiées par Noël Aimé-Giron au moment de la découverte, elles l'ont été récemment par J. Naveh, A. Lemaire et, en dernier lieu, B. PORTEN et A. YARDENI dans *Textbook of Aramaic Documents from Ancient Egypt*, 4, Ostraca and Assorted Inscriptions, 1999, pp. 287-298.

est aujourd'hui presque impossible d'identifier le sujet des différentes scènes : on distingue un animal tourné vers l'entrée, un bateau rouge, plus loin les pieds de personnages qui marchent vers la niche du fond, d'autres représentations très abîmées d'animaux. Les inscriptions sont en aussi mauvais état que les fresques[1]. Noël Aimé-Giron remarqua lors de sa première visite en 1922, à un moment où les parois étaient sans doute dans un meilleur état qu'aujourd'hui, qu'il était impossible de préciser si les textes présentaient un rapport quelconque avec les fresques.

D'après la paléographie, ces inscriptions peuvent être datées de la première moitié du Ve siècle, donc de l'époque perse, mais elles pourraient être du début du VIe siècle ou même antérieures. Les textes de Cheik-Fadl ont été écrits par différents scribes, et il est bien connu que des critères de datation établis par le tracé des lettres ne peuvent être définitifs. La cursive araméenne est bien représentée à Saqqara déjà au VIe siècle avant notre ère. Un argument en faveur d'une datation plus ancienne nous est

1. Voir A. LEMAIRE, « Les inscriptions araméennes de Cheikh-Fadl (Égypte) », dans *Studia Aramaica,* M. J. Geller, J. C. Greenfield et M. P. Weitzman (éd.), *JSS*, Suppl. 4, Oxford, 1995, pp. 77-132.

fourni par le sujet de ces textes : ils relèvent clairement d'une idéologie saïte très proche de la tradition littéraire du VIIe et du VIe siècles et la mention répétée de Taharqâ, roi des Nubiens, et même du pharaon Néchao conforte la thèse d'une date ancienne.

Les textes de la tombe sont distribués en dix-sept panneaux de seize lignes chacun mais la plupart sont difficilement lisibles ; les essais de lecture risquent de rendre un mauvais service à l'étude de la lexicographie araméenne en créant des termes ou des syntagmes inexistants. Deux panneaux seulement, le II et le V, nous apportent des renseignements sûrs. Dans le panneau II, il s'agit d'une histoire d'amour. Le protagoniste est ou va arriver à Héliopolis, appelée « On » dans le texte, puis il dit : « Je ne pourrai pas l'abandonner. Je coucherai avec elle. Je l'aime beaucoup. » Il est question d'une femme appelée Hora qui dit qu'« elle ne couchera pas avec un homme qui... » ; le texte est coupé. Le dieu, de lui ou d'elle, mentionné est Atum, « le seigneur d'Héliopolis ». Après avoir répété quels sont ses désirs et manifesté son amour, « le jeune homme », nous dit le texte, « alla vers Osiris ». Les références à l'argent et à l'éventualité d'amener l'homme ou la femme « à ma maison » restent inexpliquées à cause de l'état du texte. Le panneau Va est également incomplet et problématique. On y trouve une mention certaine de Taharqâ aux lignes 8 et 9 : on y lit que quelqu'un « alla vers Taharqâ, roi des Nubiens[1] ». Lorsqu'il y arriva, « il se tint debout devant mon seigneur Taharqâ », et encore, à la ligne 10 : « les paroles que j'ai dites devant mon seigneur le roi ». Le pharaon Néchao est mentionné à la ligne 11. Le nom Psammétique, présent aux lignes 5 et 6 (deux fois), n'est pas celui du pharaon, comme on l'a dit ; il s'agit d'un « jeune homme », peut-être un « eunuque ». À la dernière ligne, on peut lire : « Je sèmerai du sel... », phrase qui rappelle les rites de malédiction. Le panneau VIII mentionne aussi le pharaon Néchao. Au panneau IX, on trouve une phrase obscure : « qu'il ne nuise pas à l'Égypte », suivie deux lignes plus bas d'une mention des « dieux de l'Égypte ». Tout cela laisse le lecteur perplexe. Dans le panneau XII, il est encore question de Néchao et de Taharqâ ; à la ligne 12, on lit le nom d'Ass[ar]haddon, puis « il fut mis dans le sarcophage ». Y a-t-il une référence quelconque

1. KŠY', est le nom biblique bien attesté pour les Nubiens/Éthiopiens.

à la mort d'Assarhaddon en 669, chemin faisant vers l'Égypte pour sa troisième campagne ?

L'autre composition, l'*Histoire des deux frères*, n'est autre que l'histoire romancée d'Assurbanipal et Shamash-shum-ukin, son frère. Le texte, écrit en araméen, mais en transcription démotique, est conservé dans le papyrus Amherst 63 (3, 5 mètres de long sur 30 centimètres de large) qui contient un grand nombre d'autres documents de dates diverses[1]. Le papyrus fut écrit au IVe siècle avant notre ère par des scribes d'une communauté araméophone dont les ancêtres étaient des Asiatiques, comme le montrent les noms des dieux mentionnés dans les textes. L'*Histoire des deux frères* occupe 98 lignes, ce qui représente un quart du papyrus. L'histoire est plus ou moins connue : Assarhaddon nomma Assurbanipal prince héritier d'Assyrie et Shamash-shum-ukin, le frère aîné, roi de Babylone. À la mort d'Assarhaddon, le changement de règne s'effectua paisiblement et, pendant seize ans, Shamash-shum-ukin se comporta loyalement envers son frère, mais peu à peu Babylone

---

1. R. C. STEINER et C. F. NIMS, « Ashurbanipal and Shamash-shum-ukin : A Tale of Two Brothers from the Aramaic Text in Demotic Script », *Revue Biblique*, 92, 1985, pp. 60-81.

vint à penser qu'elle avait autant de titres que Ninive à dominer le monde et se révolta contre l'Assyrie. À l'ouverture du roman, le prêtre, qui attend l'arrivée de Baal à qui il racontera la tragédie des deux frères, entonne un lamento sur Ninive. Après l'introduction des personnages, il est question des pourparlers entre les deux frères, mais ils n'aboutissent pas ; même l'intervention de leur sœur s'avère inefficace. Il n'est pas possible de reconstruire de manière satisfaisante la fin de l'histoire. On sait que les sources cunéiformes laissent ouverte la question de la mort de Shamash-shum-ukin lors de l'attaque d'Assurbanipal contre Babylone. Le roman dit que Shamash-shum-ukin prépara une chambre à l'intérieur du palais où se retirer avec ses enfants et ses conseillers dans le cas d'une attaque, mais il nous le montre aussi marchant vers Ninive avec son général et mourant sur le chemin victime d'un accident. Ctésias, l'historien grec, dans son *Histoire des Perses*, écrite deux cent cinquante ans plus tard, raconte que Sardanapale, roi de Ninive, donc Assurbanipal et non pas son frère, assiégé par une coalition de Babyloniens, Mèdes, Perses, Arabes et, au dernier moment, Bactriens, fit construire un immense bûcher dans son palais, y amassa ses richesses, et avec ses concubines et ses eunuques mit le feu et se donna la mort pour ne pas tomber aux mains de ses ennemis.

Ce rayonnement de la littérature araméenne n'est que le résultat d'une forte présence d'araméophones, qui se sont intégrés dans la société égyptienne en adoptant les anciennes traditions du pays. La stèle funéraire du musée de Carpentras, du Ve siècle avant notre ère, peut être considérée comme l'un des témoignages de ce processus d'acculturation subi par les Asiatiques. Le texte est en vers, écrit en araméen, mais plusieurs termes sont égyptiens simplement transcrits en lettres araméennes. La stèle a perdu son cintre, et Osiris et la déesse Isis derrière lui ont été décapités. Osiris est représenté momiforme et assis ; la défunte lui fait face, debout, prête à être jugée. Le texte dit : « Bénie soit Tabâ fille de Ta-Ḥapî, la dévote du dieu Osiris ! – Elle n'a rien fait de mal, et elle n'a pas dit là-bas de calomnie contre quiconque. – Bénie sois-tu devant Osiris ! De la part d'Osiris reçois de l'eau ! – Sois au service du Seigneur des Deux Justices et (vis) parmi ses Bienheureux[1] ! »

1. J. C. L. Gibson, *Textbook of Syrian Semitic Inscriptions*, vol. II, n° 24, pp. 120-121 ; voir document de couverture.

Le processus d'acculturation n'a pas dû être interrompu par l'arrivée des Perses. La transition du gouvernement des pharaons saïtes à la domination achéménide semble avoir été plus souple que ce qu'Hérodote a voulu nous faire croire quand il décrit par exemple la conduite de Cambyse à son arrivée en Égypte. Les découvertes archéologiques dans le Sérapeum de Memphis prouvent incontestablement que l'histoire du meurtre de l'Apis par Cambyse décrit par Hérodote (III, 28-29) est fausse. Dans le cimetière de Memphis, lieu où les Apis morts étaient inhumés dans des sarcophages, on a trouvé précisément l'Apis enterré à l'époque de Cambyse : « Loin d'avoir tué le jeune Apis, Cambyse a procédé à l'embaumement et aux funérailles d'un Apis, dans les règles et selon le cérémonial bien connus en particulier à l'époque saïte[1]. »

Documents araméens d'époque perse

Une série de documents araméens d'époque perse nous renseigne sur la présence d'Asiatiques occidentaux dans les différentes forte-

1. P. Briant, *Histoire de l'Empire perse*, Paris, Fayard, 1996, pp. 67-68.

resses existant autour d'Éléphantine, en Haute-Égypte, les Perses continuant ainsi la politique militaire mise en pratique par les Saïtes. On ne sait pas à quelle date des soldats judéens avaient rejoint les contingents de soldats étrangers au service des Achéménides. Le texte du prophète Jérémie (44, 1) nous fournit quelques points de repère : outre Daphné, dans le Delta, et Memphis, le texte mentionne « le pays du Sud », comme l'appelaient les Égyptiens, c'est-à-dire une province méridionale dont le chef-lieu était l'île d'Éléphantine (Syène). Les ostraca araméens trouvés dans cette région recoupent le texte biblique, car ils révèlent que l'enrôlement des Judéens dans les armées du pays fut massif. Avec les soldats syriens, ils formèrent ces compagnies dont parlent les ostraca. Un texte montre bien le rapport qui existait entre trois lieux de garnison : de Migdol, en Basse-Égypte, un père écrit à son fils, qui réside habituellement à Éléphantine, près de la Première Cataracte : « Salut à la Maison de Yahô, à Éléphantine. À mon fils Shalômam, de la part de ton frère 'Oshéa'. Je t'adresse [des vœux] de santé et de prospérité en abondance. Maintenant, depuis le jour où tu t'en es allé dans cette caravane, mon fils, tout va bien pour moi, pour ta mère aussi. Maintenant, béni sois-tu par Yahô le Dieu : qu'il me fasse revoir ton visage en paix ! Maintenant, depuis le jour où vous êtes partis de [Basse-] Égypte, il ne nous a pas été donné de traitement ; et lorsque nous nous sommes plaints aux gouverneurs au sujet de votre traitement, ici à Migdol, il nous fut ainsi répondu : "Pour cela, plaignez-vous aux secrétaires, et cela vous sera donné." Maintenant, lorsque vous viendrez en (Basse-) Égypte [...] réclamez (?) le traitement qui a été retenu en totalité. [Suit une référence obscure à la maison.] Sois un homme ! Ne te dissipe pas jusqu'à ce que tu viennes à Memphis. Maintenant, tu as réclamé (?) dans ta lettre au sujet d'une tunique et d'un vêtement. Ta tunique et ton vêtement sont faits [...]. Ne sois pas rempli de colère parce que je ne les ai pas apportés à Memphis. Quand tu reviendras là-bas, je les apporterai devant toi. Maintenant, j'ai acheté pour toi une tunique de lin [...]. Salut de la part de ta mère et de tous les enfants. [Il y avait la date.] Maintenant, nous avons entendu dire ceci : vous serez mis en congé... – À mon frère Shalômam fils de 'Oshéa', ton frère 'Oshéa' fils de Pete'mûn[1]. »

1. Traduction de GRELOT, *Documents araméens d'Égypte*, *op. cit.*, n° 14, pp. 125-127.

La garnison de Syène-Éléphantine, chargée de surveiller la frontière du Sud et de garantir l'ordre à l'intérieur du pays, a dû être plus ou moins nombreuse selon les besoins du moment. La garnison était divisée en compagnies qui portaient le nom de leur commandant, analogue au chiliarque grec. Tous les noms des chiliarques livrés par les textes sont mésopotamiens ou iraniens ; les Judéens et les Syriens semblent relégués à des postes subalternes. Ces militaires étaient installés avec leurs familles et, comme dans les colonies grecques ou romaines, certains soldats avaient des terres en « tenure ». Un document nous montre que la famille d'un soldat parti dans une caravane, sans doute en mission, pouvait toucher ses allocations. Les textes d'ailleurs montrent des rapports étroits chez les membres des familles de soldats[1].

La distinction qu'on fait parfois entre Juifs et Syriens dans l'Égypte de l'époque perse est trompeuse. Les uns et les autres parlaient l'araméen, et la disparité entre les deux groupes n'était due, parfois, qu'à la religion, laquelle contribua au développement d'une certaine identité nationale ; on n'oubliera pourtant pas le chapitre 44 de Jérémie : les Judéens

1. *Ibid.*, pp. 44-47.

adoraient en Égypte les dieux araméens que leurs voisins syriens avaient apportés dans le pays. La « Reine du ciel » (Jérémie 7, 18) est une divinité expressément mentionnée parmi les dieux étrangers adorés par les Judéens, et on peut ajouter que le mot hébreu employé pour décrire « les gâteaux » qu'on offre à cette Reine du ciel est *kawwânîm* (akk. *kamânu*), un terme qui trahit les attaches babyloniennes de cette forme de culte. Une lettre araméenne faisant partie d'un lot de textes conservés dans un vase trouvé à Hermopolis (moyenne Égypte) porte une salutation conjointe au « temple de Bet'el et au temple de la Reine du ciel ». Il est à remarquer que dans cette salutation on invoque aussi le dieu égyptien ; le mari écrit à sa femme : « À ma sœur Nanayham, de la part de ton frère Nabûshâ. Je te bénis auprès de Ptaḥ, pour qu'il me fasse revoir ton visage en bonne santé. » On notera que tous deux portent des noms mésopotamiens[1]. Hormis dans ce texte et celui de Jérémie, n'est mentionné nulle part ailleurs un temple dédié à la « Reine du ciel ». Jérémie s'en prend au culte syncrétiste pratiqué par des groupes d'émigrés, un culte du même type que celui que le roi Josias avait voulu extirper de

1. *Ibid.*, n° 28, pp. 160-162.

Judée, mais la réponse du peuple aux paroles du prophète est claire (44, 15-19) ; l'infidélité à Yahvé sera collective, comme elle l'avait été avant l'exil : « Les enfants ramassent des fagots, les pères allument le feu et les femmes pétrissent la pâte pour faire des gâteaux à la Reine du ciel » (7, 18). Dans les formules de serment employées par les Judéens, nous trouvons aussi la confirmation des paroles du prophète. Ces formules, bien attestées à Éléphantine et qui appartiennent de plein droit au domaine de la religion, nous renseignent sur les cultes acceptés par les Judéens. Dans un texte non daté, un Judéen prête serment à un autre Judéen « par le sanctuaire et par Anat-Yahô ». Jurer par le sanctuaire n'a rien d'extraordinaire. La mention d'Anat, en revanche, est importante parce que la déesse occupe la position de parèdre de Yahvé ; elle serait la « Reine du ciel » dont parle Jérémie. Un ostracon du 18 janvier 471, ou 401 avant notre ère, mentionne le serment prêté par un Judéen à un Iranien au nom de Ḥerem-Bêt'el. Voici le texte : « Le 18 de Pa'opî, l'an 4 du roi Artaxerxès, à Éléphantine-la-Forteresse, Malkiyah fils de Yashébyah, Araméen ayant tenure à Éléphantine-la-Forteresse, de la compagnie de Nabûkudurrî, a dit à Fratafarna fils d'Artafarna, de la compagnie de Nabûkudurrî : Tu as porté plainte contre moi à Néfâ en disant : "Tu es entré dans ma maison comme un cambrioleur ; tu as frappé ma femme ; tu as emporté des biens de ma maison comme un cambrioleur. Tu les as pris et tu te les es appropriés." J'ai été interrogé, et un appel à notre dieu contre toi m'a incombé au tribunal. Moi, Malkiyah, j'en appelle contre toi à Ḥerem-Bêt'el le dieu, parmi les quatre Vengeurs [on pense aux Érinyes] : Je ne suis pas entré dans ta maison comme un cambrioleur ; je n'ai pas frappé ta femme ; je n'ai pas pris des biens de ta maison comme un cambrioleur [...]. » Malheureusement la fin est perdue. Il est clair que Malkiyah prête le serment requis de lui par le juge de Néfâ « qui le déchargera de toute responsabilité, en l'absence de toute preuve contraire fondée sur le témoignage des tiers »[1]. L'acte de Malkiyah, le soldat judéen, était un attentat contre le culte exclusif de Yahvé. Jérémie avait déjà dit qu'Israël identifiait Yahvé à Bêt'el : « Moab rougira de Kemosh comme les gens d'Israël ont rougi de Bêt'el, en qui ils se confiaient » (48, 13).

De ces textes, une conclusion me paraît se dégager : le noyau principal de la communauté judéenne à laquelle s'adresse Jérémie dut arriver

1. *Ibid.*, n° 9, pp. 92-94.

en Égypte avant la réforme de Josias. Après la chute de Jérusalem, d'autres groupes, bien entendu, se seraient associés aux premiers émigrants du VIIe siècle. Je noterai que Jérémie commence son discours en rappelant à son auditoire tous les malheurs qui sont arrivés à Jérusalem et à d'autres villes de Juda. Et il ajoute : « Les voilà maintenant en ruine, personne n'y habite » (44, 2). On en conclurait que les gens qui écoutaient le prophète avaient seulement entendu parler de ces malheurs, mais qu'ils n'en avaient pas été victimes. Ils seraient arrivés en Égypte bien avant 587, date de la chute de Jérusalem aux mains des Babyloniens.

Rien dans les textes araméens d'Égypte ne permet de penser que les Judéens habitant l'Égypte aux VIe et Ve siècles connaissaient le Pentateuque, Deutéronome compris[1]. Les livres n'étaient pas encore écrits, du moins sous la forme que nous connaissons aujourd'hui. On peut constater une absence étonnante dans la communauté judéenne d'Éléphantine de tout texte biblique. Peut-être y a-t-il eu une activité littéraire quelconque chez les exilés

1. P. SACCHI (éd.), « Il problema della datazione della Storia di Giuseppe (Gen. 37-60) », *Henoch*, 18, 1996, pp. 357-364 ; p. 358.

de Babylone, et les Judéens en Égypte ont dû avoir des rapports avec la Mésopotamie araméenne, car il faut expliquer la présence à Éléphantine du roman araméen d'Ahiqar, un texte fameux dans l'Antiquité, qui vante la vie et la sagesse d'un scribe araméen qui fut, soi-disant, ministre des rois assyriens Sennachérib et Assarhaddon. Présenter, comme on le fait trop souvent, le papyrus d'Éléphantine qui contient l'histoire d'Ahiqar comme un ouvrage de la bibliothèque juive d'Éléphantine me semble une simplification abusive de l'histoire des Judéens et des Syriens, voire des Araméens en Égypte. L'histoire d'Ahiqar appartient à un genre littéraire bien connu en Orient ancien : les légendes de cour. Le protagoniste se trouve au commencement dans une situation fâcheuse à l'égard du roi ; calomnié puis mis en prison, il arrive à s'en sortir grâce à son talent et finit comme conseiller et favori du monarque. Même si au VIIe siècle avant notre ère, c'est-à-dire à un moment désormais bien connu des historiens et des philologues quand l'araméen s'était installé à côté de l'akkadien dans le monde assyro-babylonien, la rédaction en Mésopotamie d'un roman en araméen comme celui d'Ahiqar est plausible, le fait que le personnage soit imaginaire oblige à conclure que la rédaction fut postérieure à la disparition des deux souverains concernés, Sennachérib et Assarhaddon. La version d'Éléphantine qui pourrait dater, d'après la paléographie, de la deuxième moitié du Ve siècle, ne doit pas être très éloignée de la première rédaction. On trouve des variations de l'histoire d'Ahiqar dans les textes bibliques de Tobie I, 21-22 et 14, 10 ; d'Esther avec l'histoire de Mardochée et Aman et, bien entendu, de Daniel. La sagesse d'Ahiqar devint légendaire et ce roman sapiential connut un grand succès. Le milieu lettré des scribes en Mésopotamie avait toujours constitué un cadre favorable à la littérature, et les scribes attachés à l'administration perse en Égypte eurent sans doute à leur disposition une littérature traduite de l'akkadien ou écrite dans l'araméen employé au-delà de l'Euphrate. Je ne m'étendrai pas sur le texte important d'Ahiqar, parce qu'il ne relève pas d'un milieu araméophone ayant assimilé la culture égyptienne, comme l'ont fait les auteurs des inscriptions de Cheik-Fadl ou de l'*Histoire des deux frères.* La version araméenne d'Ahiqar n'est pas un produit de l'acculturation dont je parle ici.

En revanche, un document qui semble concerner directement le milieu judéen d'Égypte est un hymne araméen, mais écrit en démotique, conservé dans le papyrus Amherst 63 déjà mentionné. Ce papyrus, dans lequel se trouve également l'*Histoire des deux frères*, est l'un des dix-neuf papyrus trouvés dans une jarre près de Thèbes. Le texte est souvent ambigu : il s'agit d'un hymne de quinze lignes qui ressemble au psaume hébreu 20, s'il n'en est pas une version libre faite dans un milieu non juif. Le caractère cultuel du texte oblige à penser que la langue employée était de l'araméen littéraire, mais il y a aussi des termes hébraïques. Le rapport entre l'hymne araméen et le psaume hébreu est net, il y a une même succession de thèmes. Il n'est pas facile de s'y retrouver dans cet amalgame de langues et de traditions. On peut comparer quelques versets de l'hymne avec les versets bibliques[1] :

Y'NN ḤR/'DNY BMṢWRYN
Psaume 2a : Y'NK YHWH BYWM ṢRH
Puisse Horus nous répondre dans nos angoisses

ŠLḤ ṢYRK MN (')KR'RŠ
Psaume 3a : YŠLḤ 'ZRK MQDŠ
envoie ton messager du temple/de la grotte d'Aras

---

1. Voir en dernier lieu R. CONTINI, « I testi letterari aramaico-egiziani e l'Antico Testamento », dans *Ricerche storico bibliche*, 1/2, 1998, pp. 81-104 ; voir pp. 93-101. Exemples extraits du texte de Contini.

WMN ṢPN ḤR YS'DN
Psaume 3b : WMṢYWN YS'DK
et que du Saphon, Horus nous soutienne

YNTN 'LN ḤR/MR KBLBN
Psaume 5a : YTN LK KLBBK
Que Horus nous donne ce qui ou *comme c'est dans nos cœurs*

L' YḤSR 'DNY KL MŠ'L LBN
Psaume 6b : YML' YHWH KL MŠ'LWTYK
que le Seigneur ne diminue pas toutes les demandes de notre cœur

'L BQŠT 'L BḤNT
Psaume 8b : W'LH BRKB W'LH BSWSYM
ceux-ci avec l'arc, ceux-ci avec la lance

Y'NN MḪR 'L BYT'L
Psaume 10b : HMLK Y'NNW BYWM QR'NW
Que le dieu Bêt'el nous réponde au matin

Il faut souligner le fait que l'interprétation du nom divin AḤ(R)W à la première ligne est conditionnée par les convictions du commentateur : « Puisse AḤ(R)W nous répondre dans nos angoisses. » Si c'est l'influence juive qui compte, on lira YHW/Yahvé (1, 5, 6, 8, 11) à la place de Horus et, en forçant l'interprétation monothéiste de l'hymne, on fera d'Adonaï (2, 9), Seigneur (mr, 7, 11, 14), Baalshamin (14) et Bêt'el (13 ; il est le dieu le plus important tout le long du papyrus), des épithètes divines plutôt que des noms divins. « Horus » est identifié avec le Baal du Saphon, le mont Saphon étant un repère pour les gens de Péluse. Il était tenu par les navigateurs phéniciens pour un haut lieu de Baal. Il avait reçu le même nom, Khazi, que le djebel Akrab, la montagne qui, au nord de la bande orientale de la Méditerranée, domine l'estuaire de l'Oronte. La ressemblance avec le texte biblique oblige à se poser la question de qui a influencé qui. Si la présence du nom divin YHW s'avère certaine, on pourrait conclure que l'hymne araméen vient d'un milieu judéen conservateur et qu'il fut emprunté par des Asiatiques connaissant désormais mieux le démotique que l'araméen. Il a aussi pu naître dans une communauté indigène qui se serait mélangée aux groupes d'origine syrienne habitant l'Égypte depuis longtemps. Mais hymne démotique et psaume biblique pourraient venir d'un modèle araméen de textes cultuels. Une différence importante est l'emploi du pluriel « nous » dans l'hymne à la place de « toi » dans le psaume.

Je serais enclin à considérer cet hymne comme un pur exemple du syncrétisme religieux dans lequel vivaient Syriens et Judéens à l'époque perse. L'hymne, comme l'histoire d'amour de Cheik-Fadl et l'*Histoire des deux frères* sont les premiers exemples connus d'une littérature araméenne qui soit née, hors du territoire des Araméens, au contact d'une civilisation qui leur était étrangère à plusieurs titres. L'histoire d'Ahiqar est un cas à part ; on peut la considérer comme une œuvre littéraire née dans un milieu araméophone, quand bien même elle serait très influencée par la culture assyro-babylonienne. En Égypte, Syriens et Judéens, tout en assimilant la culture locale, apparaissent dans les ostraca qui sont leurs écrits de la pratique, attachés à leur langue et à leurs dieux. Toutefois, on ne doit pas faire des Judéens d'Égypte des hétérodoxes, éloignés par leurs cultes syncrétistes du vrai culte yahviste. La question de leur séparation de Jérusalem ne se posait pas parce que le culte yahviste, monothéiste, noyau de l'Ancien Testament, ne s'était sans doute pas encore imposé ; la réforme de Josias restait géographiquement lointaine, voire peut-être mal connue, et les livres bibliques étaient en train d'être écrits.

Un papyrus araméen, le papyrus pascal, est une circulaire avec le caractère d'un ordre royal perse, de la fin du ve siècle, qui précisait comment il fallait célébrer la Pâque. Le texte commence ainsi : « À mes frères Yédonyah et ses collègues, la garnison judéenne, votre frère Hananyah. Que les dieux accordent la prospérité de mes frères ! Et maintenant, cette année-ci, l'an 5 du roi Darius, il a été mandé par le roi à Aršamā [texte abîmé]. Maintenant, vous, comptez ainsi quatorze jours depuis le premier jour de Nisan, et faites la Pâque[1]. » Cette intervention directe de l'administration achéménide en matière cultuelle n'a rien d'étonnant. La chancellerie royale, en se servant de l'autorité de Hananyah en mission officielle, visait à unifier le droit coutumier auquel étaient soumis tous les Juifs de l'Empire. P. Grelot commente : « Hananyah était porteur de l'ordre royal dont il va notifier les suites à ses frères, sous la forme d'une "circulaire d'application". » Mais je remarque qu'on ne sait pas qui était ce Hananyah. Peut-être représentait-il des autorités du judaïsme voulant introduire des réformes cultuelles avec l'aide du pouvoir perse. Le texte araméen, en tout cas, ne semble pas réformer mais instaurer, et instaurer plus précisément la Pâque qui n'avait pas été célébrée auparavant par la communauté locale. Dire que l'administration perse favorisait l'établissement d'un lien entre

1. P. GRELOT, *Documents araméens d'Égypte*, *op. cit.*, nº 96, pp. 378-386.

la colonie militaire d'Éléphantine et Jérusalem serait aller trop loin. Ce qui est important est que le judaïsme égyptien (de forme et d'esprit pré-deutéronomique) se trouva rattaché, après les réformes apportées par le document de Hananyah, aux communautés de Babylone et de Jérusalem. Il devait aligner ses croyances et son culte sur les règles reconnues par l'État.

Dans l'atmosphère spirituelle de l'époque post-exilique, un antagonisme a pu se développer entre les Juifs de la diaspora babylonienne et les Judéens habitant l'Égypte. Esdras, Néhémie et ses inconditionnels avaient fait entrer leurs conceptions et perspectives religieuses dans la Torah et, comme l'a remarqué Frank Crüsemann, une loi fondamentale du judaïsme devait assurer la cohésion entre Juda et la diaspora. Il me paraît très plausible que, face aux réformateurs qui voulaient imposer la loi à Jérusalem, les Judéens habitant l'Égypte aient voulu souligner leur autonomie. Aux VIe et Ve siècles, ils ont pu faire sentir leur poids au moment où prenaient forme les livres du Pentateuque.

Conflits religieux

D'après les textes étudiés, on pourrait penser que Syriens, Judéens et Égyptiens vivaient en bonne harmonie et que la diaspora judéenne était bien installée en Égypte depuis le VIIe siècle avant notre ère. Les relations entre Judéens et Égyptiens ne furent pourtant pas toujours amicales. Même si plusieurs détails nous échappent, ce qui nous empêche de bien saisir la portée de tel ou tel épisode, certains faits paraissent révélateurs. La correspondance qu'Aršamā, le satrape d'Égypte, maintint avec ses sujets pendant son absence du pays, témoigne d'une rébellion populaire survenue en 410. Un papyrus, malheureusement assez mutilé, mentionne la révolte de certaines compagnies d'Égyptiens à Éléphantine, tandis que les soldats judéens semblent n'avoir pas abandonné leurs places. Les troubles réels paraissent avoir été d'ampleur limitée[1]. C'est, paraît-il, à ce moment-là que la garnison judéenne d'Éléphantine se trouva confrontée à la mise au sac de son temple consacré à Yahvé. La situation avait dû s'envenimer progressivement. Le notaire judéen Ma'uzyah

1. *Ibid.*, n° 101, pp. 400-406 ; P. Briant, *Histoire de l'Empire perse*, *op. cit.*, p. 614.

fut emprisonné à Abydos à cause, dit-il, d'une pierre précieuse que l'on avait volée, mais qui fut retrouvée entre les mains de marchands avec qui il voyageait. Il fut libéré grâce à deux Égyptiens dont l'un était le serviteur d'un haut fonctionnaire judéen, 'Anani, chancelier de la satrapie. L'histoire du vol et de l'arrestation est obscure. L'emprisonnement de Ma'uzyah ne fut pas le seul ; d'autres Judéens ont été emprisonnés à Syène et l'on trouve même parmi les prisonniers le chef de la communauté. Un texte mentionne une scène de pillage de maisons avec vol de biens qui ont été pris puis restitués à leurs maîtres[1]. En rapport ou non avec ces incidents, c'est alors qu'eut lieu le pillage par les prêtres de Khnûm du temple de Yahô (Yahvé) à Éléphantine ; des lettres y font référence. Un document de Ma'uzyah dit clairement que le dieu égyptien Khnûm était contre les Judéens depuis la venue de Hananyah en Égypte. Il est possible que ce conflit, grave, ait, en effet, éclaté à ce moment-là entre les dirigeants de la communauté judéenne et les dirigeants du temple de Khnûm. En l'an 14 du roi Darius (410 avant notre ère), pendant

1. P. GRELOT, *Documents araméens d'Égypte*, *op. cit.*, pp. 392-398.

l'absence du satrape Aršamā, les Judéens adressèrent à Memphis une plainte dirigée contre les Égyptiens et contre Widranga, le gouverneur de Syène. Le destinataire de cette lettre dut être un des adjoints d'Aršamā capable de mettre en route les enquêtes des policiers. Les Judéens soutenaient que les prêtres du temple de Khnûm « se sont abouchés avec Widranga et ils lui ont donné de l'argent et des biens ». Ils ont détruit un mur au centre de la forteresse, et le puits qui est à l'intérieur a été bouché par les prêtres ; l'eau, disent-ils, « ne manquait pas pour abreuver la garnison, de sorte que si l'on était consigné, on buvait de l'eau dans ce puits-là ». Dans la lettre qu'ils envoyèrent en même temps au gouverneur de Judée et au grand prêtre de Jérusalem expliquant ce qui était arrivé, ils mentionnent aussi que de l'argent et des biens avaient été donnés à Widranga, et ils ajoutent que Widranga envoya une lettre à son fils lui ordonnant de détruire le temple de Yahô (Yahvé), ce qu'il fit en se mettant à la tête d'une troupe d'Égyptiens et d'autres militaires. Les Judéens ne reçurent aucune réponse à ces lettres[1]. Trois ans plus tard, en 407, ils envoyèrent une lettre au gouverneur de Judée et

1. *Ibid.*, n° 102, pp. 406-415.

à celui de Samarie demandant leur intervention auprès des autorités de l'Égypte pour qu'on leur donne la permission de reconstruire leur temple « comme il était construit auparavant ; et l'oblation, l'encensement et l'holocauste, nous [les] offrirons en ton nom sur l'autel de Yahô le Dieu ». Dans cette lettre, on apprend que Widranga avait été puni, dégradé, et qu'avec lui on avait puni les hommes responsables de la destruction du temple, mais nous ignorons qui avait rétabli l'ordre sur le terrain. Néanmoins, le temple de Yahô restait toujours en ruine.

Suivant Pierre Briant, on peut expliquer ainsi les faits : il y avait probablement eu entre les temples de Khnûm et de Yahô non pas un problème religieux, mais plutôt un litige d'ordre foncier. Les Égyptiens pouvaient faire valoir que les Judéens avaient édifié sur un terrain qui était le leur bien avant l'arrivée des Judéens. De leur côté, les Judéens dans leur plaidoirie faisaient valoir que la construction de leur temple avait été faite avec l'autorisation des pharaons saïtes, puis confirmée par Cambyse. Comme il est bien possible que Widranga ait eu à s'occuper de ce différend entre les représentants de la communauté judéenne et l'administration du temple de Khnûm, au moment de prendre sa décision il dut trancher en faveur des Égyptiens parce qu'ils prouvaient avec des documents leurs droits sur le terrain occupé par les Judéens. Ceux-ci, en revanche, ne pouvaient pas produire un seul document, leurs affirmations orales étaient sans valeur. Widranga aurait donc ordonné la destruction de leur temple, la parcelle occupée étant propriété du dieu Khnûm. Aršamā, rentré en Égypte après trois ans d'absence, accepte que le temple de Yahvé soit reconstruit, mais il ordonne qu'il n'y ait pas d'holocaustes de béliers, de bœufs et de boucs et que les Judéens s'engagent à verser une certaine somme et 1000 artabes d'orge à la maison d'Aršamā[1]. On ignore pourquoi Aršamā a cassé l'arrêt de Widranga. L'intervention des gouverneurs de Judée et de Samarie auprès d'Aršamā fut peut-être efficace. Mais on peut se poser la question de la véracité des accusations des Judéens. Briant fournit une explication très convaincante. Les autorités perses « ont dû choisir entre deux logiques : l'une qui donnait la prééminence à une décision royale [décret de Cambyse], l'autre qui s'appuyait sur la reconnaissance de la "loi des pays" (jurisprudence égyptienne). Widranga a choisi la seconde, pour des raisons qui tiennent probablement moins à

1. *Ibid.*, n° 104, pp. 417-419.

une préférence personnelle pour les Égyptiens et leurs dieux qu'aux nécessités de maintien de l'ordre, qui, localement, ne pouvait être réalisé que s'il se conformait au droit égyptien[1] ».

Je crois qu'on peut conclure de cet épisode que les Judéens d'Égypte étaient soutenus par le satrape Aršamā et, en dernière instance, par la cour perse beaucoup plus que par les autorités de Jérusalem. On peut même se demander jusqu'à quel point ils pouvaient se sentir liés à Jérusalem après le silence, sans doute rusé, que le grand prêtre et ses collègues gardèrent dans une affaire si humiliante pour les Judéens d'Égypte.

L'HISTOIRE DE JOSEPH

Philon d'Alexandrie présente Joseph comme le quatrième patriarche initié à la vie d'homme politique depuis sa prime jeunesse (*de Iosepho* 1 & 2). Philon, pourtant, a dû souvent changer d'avis parce que dans d'autres écrits, par exemple dans le traité *Sur les songes*, il donne une image moins favorable du patriarche, mais je ne veux pas m'occuper ici des réserves émises par

1. P. BRIANT, *Histoire de l'Empire perse*, *op. cit.*, pp. 621-623.

lui ou d'autres auteurs non bibliques. L'histoire de Joseph m'intéresse parce qu'elle nous décrit ce que les Judéens pensèrent d'eux-mêmes vers la fin du Ier millénaire avant notre ère. L'analyse poussée à laquelle Donald Redford[1] a soumis le texte, lui a permis de le dater entre le VIIe siècle et le milieu du Ve, et non pas de l'époque ramesside où historiens de l'Égypte et biblistes voulaient le placer en trouvant dans le *Conte des deux frères*, Anubis et Bata, un précurseur de l'histoire de Joseph et Putiphar[2]. À mon sens, une réflexion sur l'ensemble du texte, en tant qu'œuvre littéraire (et laïque) et non pas sur tel ou tel détail de l'histoire de Joseph, permettrait de la dater encore plus tard, c'est-à-dire de l'époque hellénistique.

L'histoire de Joseph commence au chapitre 37 de la Genèse, est interrompue par l'histoire de Juda et Tamar et reprend au chapitre 39 pour finir au chapitre 50 avec la mort de Joseph, « embaumé et mis dans un sarcophage en Égypte ». Le texte biblique veut sans doute intriguer le lecteur : l'histoire doit être lue dès

---

1. D. REDFORD, *Egypt, Canaan and Israel in Ancient Times*, Princeton, Princeton University Press, 1992, pp. 422-429.

2. G. LEFEBVRE, *Romans et contes égyptiens de l'époque pharaonique*, Paris, 1949, pp. 137-158.

le commencement quand Joseph, adolescent, était un délateur encouragé par son père et provoquait ses frères avec ses rêves. Vendu par ses frères à des marchands madianites, Joseph se retrouva en Égypte au service de Putiphar. Il gagna la confiance de son maître et sut tout de sa maison. La femme de Putiphar voulut le séduire. Joseph prit la fuite, mais elle l'accusa tout de même, et Joseph fut mis en prison d'où il ne sortit que pour expliquer au pharaon la signification de ses rêves.

C'est la deuxième partie de sa vie qui donne à Joseph son statut privilégié dans l'histoire biblique. Le psaume 77, verset 16 mentionne ensemble Joseph et Jacob. Dans le psaume 105 qui raconte l'histoire d'Israël, les exploits et la sagesse de Joseph sont comptés à côté des actions d'Abraham et de Jacob, et les descendants de Joseph reçoivent la bénédiction de Moïse. En revanche, dans l'histoire d'Israël racontée par le Siracide (44, 23- 45, 1), Joseph n'est pas mentionné parmi les ancêtres du peuple hébreu, peut-être parce que son dieu n'est pas Yahvé. Sa religion ne requiert pas de lieux de culte, ni non plus l'apparition d'anges ou la mention constante de l'alliance entre un Yahvé jaloux et son peuple dont il se serait senti bénéficiaire. L'apogée du pouvoir de Joseph parmi ses congénères, mais aussi de sa tolérance envers la religion des autres, est son mariage avec une Égyptienne, fille d'un prêtre d'Héliopolis, ce qui le lia à la noblesse égyptienne. Que l'auteur de l'histoire de Joseph ait accepté sans difficulté un tel mariage de son héros pourrait conforter l'idée que le texte est antérieur à l'époque post-exilique, car c'est alors qu'est née l'interdiction des mariages mixtes, fréquents sans doute pendant l'exil babylonien ; toutefois le mariage mixte de Joseph me semble être encore plus acceptable dans l'Orient hellénistique. La réussite de Joseph comme conseiller du pharaon, homme politique, intendant de l'administration du grain, agronome, avait une valeur particulière pour les Judéens vivant en Égypte. Son ascension de l'esclavage au pouvoir – un topos de toutes les littératures – devint pour les Judéens d'Égypte le symbole de leur propre triomphe social. Ce fut peut-être pour eux un titre de gloire à l'égard des autorités de Jérusalem, mais surtout à l'égard des communautés installées en Mésopotamie. Avec l'histoire de Joseph, on est loin de l'idée exprimée par l'auteur du credo deutéronomique qui voyait les Hébreux en Égypte comme des esclaves abusés. Le livre de la Genèse dit bien que les Judéens en

Égypte furent accueillis avec de la magnanimité. Pharaon dit à Joseph : « Ton père et tes frères sont venus à toi. Le pays d'Égypte est devant toi, installe ton père et tes frères dans le meilleur endroit. Qu'ils habitent dans la terre de Goshèn. Si tu connais parmi eux des hommes capables, fais-en des métayers pour mes propres troupeaux » (47, 1-6).

Après la mort de Jacob en Égypte, ses enfants montèrent en Canaan pour enterrer leur père (Genèse 50). Avec Joseph, partirent officiers et dignitaires du palais, ses frères et la famille de son père. Après l'enterrement, Joseph revint en Égypte avec ses frères et ceux qui étaient partis avec lui. Joseph mourut en Égypte et fut embaumé et mis dans un sarcophage (50, 26).

Si on compare l'histoire de Joseph à celle d'Abraham, Isaac et Jacob, on s'aperçoit qu'elle est atypique. C'est peut-être le ton laïque qui frappe le plus le lecteur. Joseph est un bon frère et un bon fils, mais son comportement en marge de toute considération pour le dieu des ancêtres ou tout simplement pour Dieu, et son esprit indépendant invitent à placer l'histoire de Joseph à l'époque hellénistique. Cette indépendance pourrait refléter celle de la communauté égyptienne, une indépendance qui ne l'empêcha pourtant pas d'accepter le texte officiel de la Loi que les autorités religieuses de Jérusalem voulurent lui imposer. Les deux diasporas, la mésopotamienne et l'égyptienne me semblent se rencontrer dans

rtes, fort entre
précisément à
intes sociales et
'un dieu sévère,
lle prestance et
mme dit le texte
ut imaginer que
amienne, à son
peut-être pas à
s désormais très
.

ÉE

Une place spéciale doit être faite ici à la *Lettre d'Aristée à Philocrate* qui, malgré ses affabulations, n'est pas dépourvue de renseignements

1. Les remarques convaincantes de G. GARBINI, *Storia e ideologia dell'Israele antico*, Brescia, 1986, pp. 183-207 et de A. CATASTINI, *Storia di Giuseppe*, Venise, Marsilio, 1994, pp. 47-63, m'ont beaucoup aidé à lire l'histoire de Joseph et à placer dans son contexte historique la *Lettre d'Aristée à Philocrate*.

d'importance[1]. La *Lettre* est un document juif qui prétend raconter comment la Loi des Juifs a été traduite d'hébreu en grec par soixante-douze savants de Jérusalem venus exprès au Musée d'Alexandrie, vers le milieu du IIIe siècle avant notre.ère. Si l'histoire de Joseph me paraît annoncer l'arrivée en Égypte d'un nouvel ordre social, c'est sans doute la *Lettre d'Aristée*, avec toutes les questions qu'elle soulève à propos de la traduction grecque de la Torah, qui nous met d'emblée dans le monde ptolémaïque. Mais il faut d'abord donner sa vraie dimension à un texte de Flavius Josèphe qu'on cite à propos des Juifs égyptiens. Dans la *Guerre des Juifs*, il écrit : « À Alexandrie, il y avait constamment des dissensions entre les habitants originaires du pays et les Juifs, depuis l'époque où Alexandre avait trouvé en eux des alliés pleins de zèle contre les Égyptiens et leur avait accordé en récompense de leur aide l'autorisation de résider dans la cité avec les mêmes droits que les Grecs[2]. » À cela on peut ajouter le passage du *Contre Apion* où Flavius Josèphe raconte qu'à la suite de la victoire de Ptolémée Lagos sur

1. J'utilise l'édition faite par A. PELLETIER, SC 89, Paris, 1962.

2. FLAVIUS JOSÈPHE, *La Guerre des Juifs*, II, 487-488, trad. P. Savinel, Paris, Éditions de Minuit, 1977, p. 281.

Démétrios Poliorcète à Gaza en 312, des Juifs suivirent le général en Égypte (1.183-204). Flavius Josèphe souligne la présence juive en Égypte, mais il ignore l'existence de l'ancienne diaspora de Judéens dont témoignent les textes araméens de l'époque perse que je viens de mentionner, outre que Jérémie 44, 14 fait comprendre qu'une fois l'exil fini grâce à la loi de retour en Palestine octroyée par les Perses, beaucoup de Judéens restèrent en Égypte. Les Juifs arrivés en Égypte à l'époque d'Alexandre ou plus tard, peut-être en 312, ne firent que grossir les communautés déjà existantes. À partir de la fin du IVe siècle avant notre ère, les descendants des émigrés de la première heure et les nouveaux arrivés ont formé un *politeuma* semi-autonome, avec une cour et des archives. « Pour que ce *politeuma* existe, il faut qu'un souverain ait accordé aux Juifs le droit de vivre selon la Loi de leurs ancêtres[1]. »

La *Lettre d'Aristée*, écrite en grec, exprime la volonté de Ptolémée de réunir à Alexandrie tous les livres. Comme l'a bien dit Jean Sirinelli : « Quelque opinion que l'on ait de la *Lettre*

1. G. Dorival, dans G. DORIVAL *et al.*, *La Bible grecque des Septante. Du judaïsme hellénistique au christianisme ancien*, Paris, Cerf, 1988, pp. 72-73.

d'Aristée, elle traduit clairement l'ampleur du projet dans la réalité ou dans l'imagination populaire, un projet aussi exceptionnel dans son ordre que le phare d'Alexandrie dans le sien : réunir les livres de toute la terre. C'est l'ambition sans limites et presque enfantine de l'intention qu'il faut retenir. Elle est à la hauteur des ambitions d'Alexandre transposées dans le domaine de la culture[1]. » Mais la *Lettre* a un intérêt spécial pour nous ici ; elle offre un aperçu sur le problème de l'origine du Pentateuque et, surtout, aide à mieux comprendre la communauté juive d'Égypte. On doit chercher la date du texte entre le milieu du IIIe siècle avant notre ère et la fin du Ier siècle de notre ère. L'auteur, un Juif d'Alexandrie, raconte la mission officielle qu'il accomplit au nom de son roi auprès du grand prêtre des Juifs afin de préparer la traduction grecque de la Loi. Homme de cour, il nous parle de la « docte Égypte » où les prêtres égyptiens peuvent donner des informations sur les Juifs (§ 6). Je cite un passage important de cette *Lettre* : « Chargé de la Bibliothèque

1. J. SIRINELLI, « Alexandrie royaume du livre », dans *Des Alexandries I. Du livre au texte*, L. Giard et Chr. Jacob (éd.), Paris, Bibliothèque nationale de France, 2001, pp. 46-47.

du roi, Démétrios de Phalère (IVe-IIIe s.) reçut des sommes importantes pour réunir tous les ouvrages apparus dans le monde entier afin de compléter si possible la bibliothèque. En procédant à des achats et à des transcriptions, il réussit à mener à bien, autant qu'il dépendait de lui, le projet du roi. J'étais là quand lui fut posée la question : "Combien de dizaines de milliers de volumes y a-t-il au juste ?" Il dit : "Plus de vingt, ô roi, mais je vais m'occuper d'urgence de ce qui reste à faire pour atteindre cinq cent mille. Or, on m'a fait savoir *(proséggeltai)* qu'il y aurait des lois des Juifs qui mériteraient d'être transcrites et de faire partie de ta bibliothèque" » (§ 9 et 10). Démétrios réussit à intéresser le roi qui donna l'ordre d'écrire au grand prêtre pour que le projet soit mis à exécution. Dans la demande officielle le bibliothécaire dit : « Les livres de la Loi nous manquent, car ils se lisent en caractères et prononciation hébraïques et ont été écrits avec assez de négligences et d'inexactitudes, au dire des hommes compétents » (§ 30). Il faut, dit-il, les avoir dans un texte correct (§ 31). Cette phrase semble viser le texte hébreu dans l'état où le présentaient les exemplaires dont on disposait à Alexandrie. Mais si on fait confiance à Aristobule, dont le témoignage est copié par

Eusèbe de Césarée, les livres de l'Exode, du Deutéronome et de Josué avaient été traduits en grec dès le IVe siècle avant notre ère. Aristobule soutient même que Platon avait lu ces livres et qu'ils étaient à l'origine de la pensée grecque. Il faut toutefois dire qu'il ne nous reste aucune trace de la version grecque de ces livres[1]. Dans la lettre au roi, ainsi que dans la lettre que le roi envoie au grand prêtre de Jérusalem, il est question de faire venir à Alexandrie des hommes – six de chaque tribu – à la vie exemplaire et connaisseurs accomplis de la Loi pour la faire traduire en grec, en donnant « un texte qui représente l'accord de la majorité » (§ 39). Le grand prêtre répond en envoyant des hommes distingués, six de chaque tribu, avec la Loi.

Quatre conclusions peuvent être tirées de la *Lettre d'Aristée* :

1. Les Juifs d'Égypte, jusqu'à une époque assez tardive, peut-être vers la fin du IIIe siècle avant notre ère, ne connaissaient pas ou connaissaient mal le Pentateuque que nous avons aujourd'hui.

2. Alexandrie possédait les livres de la Loi

1. EUSÈBE DE CÉSARÉE, *Préparation évangélique*, 13.12, texte et trad. Éd. des Places et commentaire de A. de Pelletier, livres XII-XIII, Paris, Cerf, SC 307, 1983, p. 118, n. 3.

en hébreu, mais ils étaient défectueux ; il fallait acquérir le nouveau texte de Jérusalem dont on avait entendu parler.

3. Les traducteurs devaient venir de Jérusalem, chose étonnante puisqu'il s'agit de traduire en grec le texte hébreu et que l'on peut imaginer que les traducteurs envoyés connaissaient le grec moins bien que les Juifs d'Alexandrie.

4. Jérusalem voulait contrôler les livres qu'on allait utiliser dans la communauté égyptienne en établissant une interprétation officielle du texte sacré. On pourrait conclure que ce n'était pas la communauté alexandrine qui avait besoin du texte grec de la Loi, mais que c'était plutôt Jérusalem qui voulait que les Juifs d'Alexandrie eussent une bonne traduction du bon texte, le texte officiel de la Torah.

E. Bickerman insiste sur la valeur de traduction officielle accomplie à l'initiative de Ptolémée et invoque la curiosité des Ptolémées et des Séleucides pour les « barbares ». Manéthon écrit en grec l'histoire des pharaons à l'intention de Ptolémée II, et Bérose, le Babylonien, écrit en grec l'histoire de son pays. G. Dorival, qui a étudié minutieusement les origines de la Septante, cite un texte important de L. Rost : « La rédaction grecque doit principalement son origine à des motifs de droit public et non pas aux besoins des communautés cultuelles juives de langue grecque. Cette traduction du Pentateuque a été le document de base qui permit dans les États hellénistiques de réclamer pour la communauté juive des droits particuliers et de les lui accorder sous forme de privilèges. Sa signification consiste en ce qu'elle rendit possible, pour la communauté juive, de recevoir à titre de privilège le droit de citoyenneté, sans avoir à se soumettre aux obligations de la religion d'État[1]. » Ces remarques donnent du poids au texte de la *Lettre* où il est question de l'enthousiasme général une fois le travail de traduction terminé. Malgré quelques invraisemblances, le texte mérite d'être cité parce qu'il souligne le statut officiel des Juifs égyptiens : « Démétrios réunit la communauté des Juifs à l'endroit où s'était accomplie l'œuvre de la traduction, et il en fit lecture à toute l'assemblée, en présence des traducteurs, qui furent d'ailleurs accueillis avec enthousiasme par la foule, pour leur contribution à un bien considérable. Ils firent une ovation pareille à Démétrios, et lui demandèrent de communiquer

1. G. DORIVAL *et al.*, *La Bible grecque des Septante*, *op. cit.*, p. 72.

à leurs chefs une copie de toute la Loi. Après la lecture des rouleaux, debout, les prêtres, les Anciens du groupe des traducteurs et des délégués du *politeuma*, ainsi que les chefs du peuple, firent cette déclaration : "Maintenant que la traduction a été faite correctement, avec piété et avec une exactitude rigoureuse, il est bon que cette œuvre reste comme elle est, sans la moindre retouche." À ces mots ce fut une acclamation générale ; alors ils les invitèrent à prononcer une malédiction, selon leur usage, contre quiconque retoucherait la lettre du texte soit en l'allongeant, soit en l'altérant si peu que ce fût, soit en y retranchant ; excellente mesure pour la garder à jamais immuable » (§ 309-311).

Le témoignage de Philon d'Alexandrie mérite d'être mentionné car il représente un état plus avancé de la légende, c'est-à-dire l'époque où la traduction de la Septante a déjà été acceptée par les Juifs hellénisés. Philon, en effet, écrit : « Anciennement, les lois furent écrites en langue chaldéenne [hébreu] et pendant longtemps restèrent dans la même forme sans passer dans une autre langue, tant qu'elles n'avaient pas encore révélé leur beauté aux autres hommes. Mais lorsque, par le soin et l'effort quotidien et constant de ceux qui les pratiquaient, elles furent remarquées aussi par les autres hommes et que leur gloire se fut répandue de tous les côtés – car les choses excellentes peuvent bien, pour un temps limité, être tenues dans l'ombre par l'envie, mais la bienveillance de la nature leur redonne leur éclat en temps opportun –, alors certains jugèrent scandaleux que ces lois pussent être étudiées seulement dans une moitié du genre humain, les barbares, et que la patrie grecque dans sa totalité en fût exclue ; ils s'occupèrent de les faire traduire. Mais vu l'importance et l'utilité publique de l'entreprise, on s'adressa non à des particuliers ou à des magistrats, dont il y avait une grande quantité, mais à des rois et, parmi les rois, au plus considéré : Ptolémée, surnommé Philadelphe[1]. » Philon dit qu'on choisit les Hébreux les plus réputés, « qui avaient reçu une formation grecque en plus de la leur » pour l'entreprise. Ces traducteurs s'établirent dans l'île de Pharos, en face d'Alexandrie, parce qu'elle était « de tous les lieux environnants le plus propice au calme, à la solitude, et à la communion de l'âme seule à seule avec la

1. PHILON D'ALEXANDRIE, *De vita Mosis*, vol. II, 26-29, trad. R. Arnaldez *et al.*, Paris, Cerf, SC 22, 1967, pp. 202-205.

Loi ». Sans aucune présence autre que celle des éléments naturels, « ils s'apprêtaient à faire les hiérophantes – car la Loi commence par la création du monde –, ils prophétisèrent, comme si Dieu avait pris possession de leur esprit ». Pour Philon, la traduction accomplie fut particulièrement miraculeuse parce que les traducteurs trouvèrent dans une langue comme le grec, qui foisonne en mots et où la même pensée peut être rendue de multiples manières en changeant les termes ou en employant des synonymes (II, 38), les expressions adaptées à ce qu'on voulait exprimer. Les deux versions, la « chaldéenne » et la grecque, sont « comme deux sœurs, ou mieux, comme une seule et même œuvre, tant pour le fond que pour la forme ». À l'époque de Philon, on célébrait chaque année dans l'île de Pharos avec une panégyrie le lieu où la traduction avait été faite. Cette fête montre bien que les Juifs hellénisés croyaient que la traduction de la Septante avait été le résultat d'une inspiration divine, une idée qui d'ailleurs fut admise par la tradition chrétienne. Mais la Septante fut aussi dès l'Antiquité objet de controverse, beaucoup plus que toute traduction d'un texte classique, peut-être à cause de la dimension religieuse et culturelle du texte original.

5.

Le départ des Hébreux d'Égypte

Les textes araméens étudiés ici témoignent de la présence en Égypte au VIIe siècle avant notre ère de Syriens et de Judéens : c'étaient des Araméens qui partageaient parfois les mêmes cultes. Le prophète Jérémie lui-même stigmatise cette symbiose que les historiens de l'ancien Israël laissent souvent de côté, sans doute pour ne pas affaiblir la conviction que le monothéisme était enfin, à cette époque, une réalité théologique acquise. Ces documents araméens attestent certainement l'acculturation qu'ont subie ces Asiatiques en Égypte. Toutefois, nous trouvons soudain à partir de l'époque ptolémaïque une série d'auteurs qui écrivent sur l'expulsion des Hébreux, victimes de la discrimination des Égyptiens à l'égard des étrangers. Les différentes versions bibliques de ce départ furent connues des auteurs grecs, sans doute à travers une littérature juive de langue grecque, et ils ne manquèrent pas d'incorporer dans leurs histoires d'Égypte l'épisode de l'expulsion des Juifs, d'autant plus volontiers que, d'après la légende grecque, Danaos et ses gens durent aussi quitter l'Égypte. La grande différence entre Juifs et Danaens est que ces derniers partirent pour le Péloponnèse et fondèrent Argos : expulsion et voyage entrèrent dans la légende ; « le départ des Hébreux » vers Canaan, en revanche, récupéré par la religion, devint un fait « historique », un élément fondamental du credo du Deutéronome.

Or, cet épisode a été raconté de diverses manières par les auteurs juifs et non juifs. Toutefois, il n'est pas assuré que ce soit l'expulsion dont fait état l'historiographie ptolémaïque qui soit à la base du texte fameux de l'Exode qui décrit la sortie des Hébreux d'Égypte et la traversée du désert en marche vers la Terre promise sous le commandement de Moïse, parti en emportant les ossements de Joseph – une précision qui suffit pour établir la liaison avec l'histoire des enfants de Jacob en Égypte. Les troubles pour les Judéens avaient commencé au moment où « un nouveau roi vint au pouvoir pour qui Joseph était un inconnu » (Exode 1, 8). Il voulut soumettre les Hébreux, mais ceux-ci réussirent à se libérer de son oppression. Dans l'Exode, le départ du peuple hébreu est présenté tantôt comme une fuite (14, 5 : « Lorsqu'on informa le roi d'Égypte de la fuite du peuple, le cœur du pharaon et de ses courtisans changea à l'égard du peuple. Ils dirent : "Qu'avons-nous fait là, de laisser partir Israël qui ne nous servira plus !" ») ; tantôt comme une expulsion (12, 31 : « Pharaon convoqua Moïse et Aaron en pleine nuit et leur dit : "Levez-vous et sortez du milieu de mon peuple – vous et les enfants d'Israël. Allez rendre un culte à Yahvé, selon votre requête" »). Cette ambiguïté nous alerte sur l'invraisemblance d'un événement dont la seule donnée recevable, à l'évidence, reste l'institution de la fête de Pâque à la suite de la dixième plaie. La fête devait commémorer à jamais cette sortie que l'auteur a voulue miraculeuse et spectaculaire puisqu'il imagine les Hébreux traversant la mer à sec et les Égyptiens qui s'étaient engagés à leur suite submergés par les eaux, avec chars et cavaliers ; « pas un d'eux n'échappa », dit le texte. Comme l'on pouvait s'y attendre, aucun document égyptien ne fait allusion à cette catastrophe que la tradition juive veut dater du temps d'un Ramsès qui serait l'un des pharaons de la XIXe dynastie.

On trouve aussi dans le livre du prophète

Zacharie, un texte d'époque hellénistique, le thème du retour d'Égypte en Canaan, mais Moïse n'y figure pas (10, 10-11). L'oracle dit : « Je les ferai revenir de la terre d'Égypte, d'Assur je les rassemblerai ; dans la terre de Galaad et du Liban je les ferai entrer, et cela ne leur suffira pas. Ils traverseront la mer étroite et il frappera les flots dans la mer, toutes les profondeurs du Nil seront asséchées. L'orgueil d'Assur sera abattu et ôté le sceptre de l'Égypte. » La traversée de la mer « étroite » semble être une allusion à la mer Rouge puisque le prophète fait état d'une traversée quand les profondeurs seront asséchées, mais l'oracle pourrait aussi se référer au retour d'exil en général car il est question d'un rassemblement de ceux qui viennent d'Égypte et du territoire d'Assur.

Une autre référence au départ de l'Égypte est la prédiction de Jérémie : devant le syncrétisme religieux des Juifs d'Égypte et leurs pratiques contraires à la tradition, le prophète prévoit que seuls quelques rescapés fuiraient la punition divine et seraient capables de rentrer en Juda (44, 14) une fois l'exil terminé grâce à la loi de retour en Palestine octroyée par l'administration perse.

On ne peut pas comprendre la présence dans les textes bibliques d'un épisode comme celui de l'expulsion des Hébreux d'Égypte à moins de l'interpréter comme le calque d'un fait historique connu, voire l'expulsion des Hyksos de toute la vallée du Nil. Ces envahisseurs asiatiques, connus comme les Rois-Pasteurs, ont dominé l'Égypte de la fin du XVIIIe au début du XVIe siècle entre le Moyen et le Nouvel Empire. L'invasion débuta par l'infiltration de nomades dans l'est du Delta, comme c'était toujours le cas quand la faiblesse intérieure laissait la frontière sans défense, puis ceux-ci étendirent leur domination sur tout le Delta et, finalement, sur le pays entier. Ils firent d'Avaris leur capitale, voulant puiser « dans le patrimoine pharaonique pour constituer le leur[1] ». Le témoignage sur les Hyksos qu'apporte Manéthon, un prêtre égyptien d'Héliopolis écrivant en grec au IIIe siècle avant notre ère, est décisif et, par un télescopage fort anachronique, leur expulsion par Ahmosis, le fondateur de la XVIIIe dynastie, a pu servir de parangon pour expliquer le départ des Hébreux vers la terre de Canaan. L'auteur du livre de l'Exode nous rappelle que le souvenir d'une invasion étrangère resta vif en Égypte. Pour lui, la présence des fils

1. D. VALBELLE, *Histoire de l'État pharaonique*, Paris, PUF, 1998, p. 191.

de Jacob dans le pays aurait, en effet, donné lieu à des remarques précises de la part des autorités égyptiennes qui trahissent la peur de l'envahisseur. Lors du premier voyage des fils de Jacob en Égypte, Joseph devenu l'homme fort du pays, dit à ses frères qui ne l'avaient pas reconnu : « Vous êtes des espions et vous êtes venus pour repérer les points faibles du pays » (Genèse 42, 9). Beaucoup plus tard, la raison que donne le pharaon, « qui n'avait pas connu Joseph », pour assujettir les Juifs d'Égypte fut : « En cas de guerre les enfants d'Israël grossiraient le nombre de nos adversaires. Ils combattraient contre nous pour, ensuite, sortir du pays » (Exode 1, 10).

Quoi qu'il en soit de l'origine et de la date, sans doute assez tardive, du livre de l'Exode, le fait remarquable est que le départ des Hébreux d'Égypte ait été mentionné, parfois même commenté par tant d'auteurs juifs et non juifs de langue grecque, se considérant tous redevables de la culture hellénistique dont le foyer n'était autre que le monde intellectuel d'Alexandrie. Je dirais qu'ils étaient tous fascinés par l'exode des Hébreux. Leur départ d'Égypte, qui allait devenir un épisode central dans l'imaginaire et la vie religieuse des Juifs, fut peut-être perçu par ces hommes de lettres comme une fracture dans l'histoire religieuse du peuple égyptien, peu porté aux changements. Pour eux, cette expulsion des étrangers pouvait se comparer à celle que les Égyptiens avaient décrétée dans un passé qui restait indéterminé, mais qui dans la mémoire collective était liée à la fin de l'occupation du pays par les Hyksos. Avec le temps, le souvenir de cet épisode tragique de l'histoire d'Égypte finit par engendrer une xénophobie prompte à se manifester selon les circonstances politiques. L'invasion des Hyksos, que les Égyptiens considéraient ouest-sémites par leur langue et leurs mœurs[1], et l'expulsion de ces envahisseurs par les princes de Thèbes qui forment la XVIIIe dynastie, fournissaient un canevas adéquat sur lequel Juifs et non-Juifs pouvaient raconter l'Exode. Mais à quel moment cet Exode est-il devenu un composant du credo « historique » ? Sans doute après l'exil. En pleine époque hellénistique ? Très probablement, et il peut s'expliquer à la lumière des textes du VIIe et du VIe siècles avant notre ère étudiés au chapitre précédent.

Tous les auteurs grecs soulignent que la religion et les mœurs séparèrent les Juifs des

1. D. REDFORD, *Egypt, Canaan and Israel in Ancient Times, op. cit.*, pp. 99-100.

Égyptiens au point de provoquer chez ces derniers des sentiments d'hostilité tout à fait justifiés. L'épisode de l'Exode, tel que les auteurs grecs le racontent, pourrait bien être à l'origine de l'antisémitisme occidental. Il est plausible que, d'un côté, le double souvenir de l'expulsion des Hyksos du territoire égyptien et, plus tard, du trauma spirituel occasionné par la réforme monothéiste d'Akhenaton (dont les Égyptiens avaient un souvenir impérissable dans les monuments) et, de l'autre, le retour des Judéens dans leur pays après l'exil, comme Jérémie l'avait annoncé, se soient télescopés, créant des matériaux dont pouvaient se servir les auteurs juifs ou non juifs voulant écrire sur l'Exode. C'est le moment où le Pentateuque est en train de prendre sa forme finale, avec les hésitations et le va-et-vient entre Jérusalem et Alexandrie dont se fait écho la *Lettre d'Aristée.*

LES AUTEURS NON BIBLIQUES : NON JUIFS ET JUIFS

Le plus ancien témoignage en grec, connu, d'un écrivain non juif sur l'Égypte est celui d'Hécatée d'Abdère qui visita le pays vers 300 avant notre ère. Dans son histoire d'Égypte conservée en partie par Diodore de Sicile

(40. 3), l'auteur nous informe que lorsqu'une épidémie se déclencha jadis dans le pays, les Égyptiens en avaient attribué la cause au fait qu'il y avait trop d'étrangers parmi eux et que les différents cultes qu'ils pratiquaient avaient fait oublier les cultes traditionnels du pays. Convaincus que c'étaient les étrangers qui attiraient la malédiction des dieux, ils les expulsèrent. Hécatée précise qu'il y avait parmi eux ceux qui partirent vers les côtes de la Grèce, conduits par des chefs notables, les plus remarquables étant Danaos et Cadmos, et ceux, comme les Judéens, qui, en masse, furent expulsés vers la Judée alors inhabitée. Moïse était leur leader ; il divisa le peuple en douze tribus et établit un culte fort différent de celui pratiqué ailleurs. Flavius Josèphe et Eusèbe de Césarée ont conservé des fragments du livre d'un Hécatée sur les Juifs dont l'authenticité reste très controversée[1].

Un peu plus tard, suivant l'exemple d'Hécatée, mais utilisant surtout des documents qui concernaient expressément les dynasties égyptiennes, Manéthon mentionne les Hyksos.

1. C. R. HOLLADAY, *Fragments from Hellenistic Jewish Authors*, vol. I, *Historians*, Chico, Scholars Press, 1983, pp. 304-317.

Il a laissé dans son *Aegyptiaca* le résultat de toutes ses recherches. Malheureusement nous n'avons de cet ouvrage que des résumés ou des fragments transcrits par Flavius Josèphe et par des historiens comme Jules l'Africain ou Eusèbe de Césarée. Nous sont parvenus deux passages sur les Hébreux. Le premier a été repris par Flavius Josèphe dans le *Contre Apion*, parce qu'il lui servait à prouver que l'histoire juive était connue depuis longtemps (I, 73-92). Il est possible que l'identification des Hyksos, les « Rois-Pasteurs », avec les Hébreux ait déjà été établie par Hécatée et que Flavius Josèphe ait voulu l'utiliser comme un corollaire à son texte sur les Hyksos, comme il a ajouté au texte de Manéthon l'épisode de Joseph et de ses frères et leur condition de « pasteurs ».

Le deuxième récit de Manéthon concernant les Hébreux est clairement différent du premier. C'est un récit qui déconcerte. Flavius Josèphe le cite aussi (I, 229), en remarquant que le prêtre égyptien prend la liberté, « sous prétexte de raconter les fables et les propos (*mutheuomena kai legomena*) qui courent sur les Juifs, d'introduire des récits invraisemblables et veut nous confondre avec une foule d'Égyptiens lépreux et atteints d'autres maladies, condamnés pour cela, selon lui, à fuir l'Égypte ». Selon Manéthon, en effet, un pharaon Aménophis désira contempler les dieux et fit part de son désir à un sage qui était son homonyme. Le sage lui dit que pour obtenir ce qu'il voulait il devait nettoyer le pays entier des lépreux et d'autres impurs. Le roi réunit tous les impurs et les envoya travailler à l'est du Nil afin de les séparer du reste de la population. Hécatée et Manéthon insistent sur la volonté des Égyptiens d'éviter que le pays soit contaminé par des pratiques impures[1]. Les deux auteurs ont dû être renseignés sur le bouleversement religieux que les Hyksos d'abord, puis les réformes d'Akhenaton avaient produit dans la vie du pays[2]. D'après Manéthon, le sage consulté par le pharaon se suicida, pris par la peur à la vue du futur. Le roi donna aux lépreux le permis

1. D'après la Genèse 43, 32, Joseph, quand le repas fut servi à ses frères, mangea à part parce que les Égyptiens n'avaient pas le droit de manger avec les étrangers. Dans le roman de *Joseph et Aséneth,* Joseph ne mange pas avec les Égyptiens (VII, 1) et il refuse d'embrasser Aséneth, une étrangère, pour des raisons de pureté rituelle (VIII).

2. P. SCHÄFER, *Judeophobia*, Harvard University Press, 1997, p. 165, et J. ASSMANN, *Moses the Egyptian*, Harvard University Press, 1997, pp. 23-54 ; trad. fr. L. Bernardi, *Moïse l'Égyptien : un essai d'histoire de la mémoire*, Paris, Aubier, 2001.

de reconstruire Avaris, « l'ancienne capitale des Pasteurs », et les lépreux en firent le centre de leur révolte sous le commandement d'Osarseph, un prêtre d'Héliopolis qui dicta des lois[1]. Le texte de Manéthon glisse ici subrepticement vers le problème que la religion juive posait aux Égyptiens : Osarseph « prescrivit pour première loi de ne point adorer de dieux, de ne pas s'abstenir de la chair d'aucun des animaux que la loi divine rend les plus sacrés en Égypte, de les immoler tous, de les consommer et de ne s'unir qu'à des hommes liés par le même serment » (I, 239). Reinach attire justement l'attention sur cette profession d'athéisme dont fait état Manéthon et il se demande s'il savait que le Décalogue commence par l'ordre de n'avoir d'autres dieux que Yahvé, mais, pour moi, Manéthon ne fait que souligner l'exclusivisme du culte de Yahvé (I, 249-250). Aménophis finit par vaincre les révoltés et les poursuivit jusqu'en Syrie. Ce long texte, fabuleux et plein de contradictions comme Flavius Josèphe lui même l'admet, double le premier récit de Manéthon. Il est possible qu'il ne soit pas d'origine égyptienne, mais grecque.

1. Voir DIODORE DE SICILE, 40, 3, 3-6.

Venons-en maintenant aux auteurs juifs de langue grecque. Il est étonnant que les passages de l'Exode concernant le rôle joué par Moïse chez les Hébreux ou auprès des autorités égyptiennes, son départ du pays comme leader de son peuple, la traversée de la mer Rouge, des épisodes tous racontés en détail dans le livre biblique aient pu donner lieu à plusieurs versions parfois fantaisistes. Cela ne peut s'expliquer, à mon avis, que si certains auteurs ne connaissaient pas encore la traduction de la Septante ou bien voulaient l'ignorer.

Démétrios le Chroniqueur, à la fin du IIIe siècle avant notre ère, est le premier écrivain juif de langue grecque qui utilise le texte grec du Pentateuque, mais il n'est pas certain que ce soit le texte de la Septante. De l'œuvre de Démétrios, dont ne restent malheureusement que des fragments, on peut dire qu'elle initie l'historiographie juive. Voici un petit fragment conservé par Alexandre Polyhistor (un grammairien de Milet vers 105 avant notre ère) ; il fait référence au départ des Hébreux d'Égypte : « Quelqu'un se demande comment les Israélites avaient des armes, vu qu'ils étaient partis désarmés ; après avoir marché trois jours et sacrifié, ils retournèrent sur leurs pas *[pálin 'anakámpsein]* ; ainsi donc, semble-t-il, ils prirent, eux qui n'avaient pas été engloutis, des armes de leurs ennemis [noyés][1]. »

D'après Eupolemos, l'historien juif du IIe siècle avant notre ère, Moïse fut le premier à acquérir la sagesse et à transmettre l'écriture aux Juifs ; l'auteur alexandrin n'oublie pas son rôle de législateur[2]. On regrette qu'aucun témoignage ne nous reste du commentaire d'Eupolemos à l'Exode. Cela est particulièrement regrettable car les ajouts d'Eupolemos à l'histoire de David me paraissent avoir une riche signification sur la méthode de travail de l'intellectuel alexandrin. Selon Eupolemos, David combattit les riverains de l'Euphrate et arriva jusqu'en Commagène. L'auteur n'hésite pas à ajouter aux victoires de David celle qu'il aurait remportée sur les Nabatéens, un anachronisme étonnant car leur existence n'est attestée qu'à partir du IVe siècle avant notre ère, ni à le mettre en relation par la suite avec Apries, le pharaon de la XXVIe dynastie, ce qui est également anachronique puisque ce pharaon vécut dans la première moitié

1. C. R. HOLLADAY, *Fragments from Hellenistic Jewish Authors*, *op. cit.*, pp. 76-77.

2. EUSÈBE DE CÉSARÉE, *Préparation évangélique*, IX, 26, texte et trad. d'Éd. des Places, Paris, Cerf, SC 369, 1991.

du VIe siècle. Il paraît certain que, pour Eupolemos, comme pour d'autres intellectuels hellénistiques, le texte biblique n'avait pas une rigidité historique et, par conséquent, des aspects de la personnalité de Moïse, ou de David, absents du texte canonique, pouvaient être ajoutés pour compléter le profil d'un personnage. Nous sommes là au cœur de l'école herméneutique d'Alexandrie à laquelle se sont formés les intellectuels orientaux, juifs et non juifs, de la fin du Ier millénaire avant notre ère et dont allaient profiter les intellectuels des premiers siècles de notre ère, en particulier les premiers écrivains chrétiens. On sait que le grand axe de la culture grecque s'était constitué autour de l'*Iliade* et de l'*Odyssée*. Ces poèmes ont été mis à l'honneur comme s'ils étaient les porteurs d'une révélation de la vérité humaine et divine et c'est dans l'Alexandrie hellénistique que fut créé et mis au point le corpus des écritures homériques tel que nous le possédons aujourd'hui[1]. Le parallélisme entre les poèmes homériques et le texte hébreu, mais surtout grec de l'Ancien Testament, peut ne pas être parfait, ne serait-ce que parce que le texte

1. G. GUSDORF, *Les Origines de l'herméneutique*, Paris, Payot, 1988.

biblique est un texte foncièrement religieux, qui se veut immuable dans la lettre, et est resté tel, comme les manuscrits de la mer Morte, postérieurs au texte hébreu de l'Ancien Testament, l'ont bien mis en évidence. Les massorètes, au Moyen Âge, le voulaient aussi immuable. Mais cela n'était pas la position d'Eupolemos et de bien d'autres. Pour eux, l'exégèse du texte biblique se développe en synchronisme avec l'interprétation des écritures du classicisme. La comparaison entre l'une et l'autre est, à mon avis, possible parce que le lecteur alexandrin de l'une et de l'autre a une même disposition mentale : il considère que l'œuvre n'est pas un document historique figé, qu'elle est susceptible d'un commentaire qui l'enrichit, d'une glose, voire d'un ajout. Libéré de toutes les contraintes chronologiques, Eupolemos a pu compléter à sa guise la figure idéale de David en lui attribuant la victoire militaire qui lui manquait et la relation politique avec l'Égypte qui exaltait son statut de leader exemplaire du peuple d'Israël. L'importance du personnage – Moïse ou David – se révèle non pas dans l'histoire politique, mais dans la théologie yahviste.

Par Eusèbe de Césarée nous connaissons aussi des extraits de Polyhistor qui mentionnent

Artapan, un historien juif de l'époque ptolémaïque. Dans un extrait où il est question de Moïse, on lit qu'Artapan n'hésite pas à dire de Moïse qu'il est Musée, le poète légendaire, non pas l'élève d'Orphée, mais son maître, une inversion de rôles qui fait de Moïse le fondateur de la culture égyptienne. Avec de telles origines, la civilisation égyptienne ne pouvait apparaître que sous la meilleure des lumières. Les prêtres le considérèrent digne d'honneurs divins, et il fut appelé Hermès. Il n'est pas surprenant que les Juifs, toujours d'après Artapan, aient été appelés « Hermiouth ». L'admiration de l'auteur alexandrin est telle qu'il change les plaies, les plaies d'Égypte, en faits positifs pour le pays[1].

Un auteur bien différent est Ézéchiel le Tragique, du IIe siècle avant notre ère. Eusèbe de Césarée le connaît comme auteur de tragédies et présente dans sa *Préparation évangélique* cinq extraits d'une de ses pièces de théâtre qui porte le nom d'*Exagoge*. Clément d'Alexandrie la connaît aussi. Le sujet en est l'histoire de l'Exode conçue comme une tragédie grecque. De ce drame ne restent que

1. C. R. HOLLADAY, *Fragments from Hellenistic Jewish Authors*, *op. cit.*, pp. 208-213.

269 lignes en vers chez Eusèbe et 39 dans la première *Stromate* de Clément. Il est possible qu'il manque plus de la moitié de l'œuvre[1]. Soucieux de présenter les Hébreux aux Grecs sous le meilleur jour, Ézéchiel passe rapidement sur l'histoire de Joseph, sans doute pour éviter toute possible association de Joseph, homme politique étranger, avec les Hyksos. Il était donc conscient d'une volonté de dénigrer les « Hébreux » (il utilise toujours ce terme). Sa source est bien entendu le texte biblique ; il connaît certainement la Septante[2]. Dans la première scène, Moïse, à travers un monologue, explique comment il fut sauvé des eaux par la fille du roi et éduqué à la Cour, puis comment il prit la fuite en terre étrangère. La description de son songe « qui fut élucidé par son beau-père » et le dialogue avec Dieu, où sont mentionnés les épisodes qui précédèrent la sortie d'Égypte, pourraient faire partie d'un second et d'un troisième acte. Le récit détaillé du passage de la mer Rouge est fait dans ce qui pourrait être un quatrième acte par un messager égyptien

1. Voir l'étude d'A.-M. DENIS, *Introduction à la littérature religieuse judéo-hellénistique*, Turnhout, Brepols, 2000, pp. 1201-1216.

2. J. M. G. BARCLAY, *Jews in the Mediterranean Diaspora*, Édimbourg, T&T Clark, 1996, pp. 132-138.

rescapé de la catastrophe : « Leur guide Moïse saisit le bâton de Dieu par lequel il avait déjà opéré contre l'Égypte des signes funestes et des prodiges ; il en frappe le dos de la mer Rouge et fend par le milieu ses profondeurs ; là-dessus, tous, en force, bondissent rapides à travers le sentier salé. Nous nous y engageons aussitôt sur leur traces ; dans la nuit, notre course ourlante les atteignait ; mais soudain les roues de nos chars ne tournaient plus, elles étaient comme enchaînées. Et du ciel apparut comme une grande lueur de feu ; manifestement Dieu venait à leur secours. Et ils avaient déjà passé la mer qu'un flot énorme rugit près de nous. À cette vue, quelqu'un s'écria : "Fuyons, chez nous, devant les mains du Tout-puissant ; pour eux il est un allié, à nous, infortunés, il ourdit la mort." Et le gué de la mer Rouge, submergé, détruisit tout espoir de fuite[1]. » Pour finir, Ézéchiel fait état de l'établissement d'un camp « aux douze sources ; il y a là les troncs vigoureux de soixante-dix palmiers, couverts de fruits ». Puis, l'auteur déborde du récit biblique en décrivant un être fabuleux vu par quelqu'un

1. Eusèbe de Césarée, *Préparation évangélique*, IX, 29, 14, *op. cit.*, pp. 301-305.

dans le désert, le roi des oiseaux, sans doute une référence au Phénix.

A.-M. Denis remarque à propos du drame d'Ézéchiel : « Plusieurs tentatives ont été faites pour reconstituer la pièce complète avec les cinq actes et le chœur classique. Ézéchiel se libère pourtant quelque peu des règles reconnues depuis Aristote, qui exigeaient par exemple l'unité de temps et de lieu. Pareils drames, aux époques tardives, étaient souvent destinés, non à la scène, mais à la lecture publique, comme une “histoire dialoguée”. Néanmoins, malgré le refus des Judéens d'accepter une activité théâtrale et surtout de porter à la scène l'histoire sainte et Dieu lui-même, malgré aussi la difficulté des changements de lieu, le drame d'Ézéchiel, avec sa langue simple, a pu être écrit pour le théâtre, voire être représenté sur la scène, à sa manière différente du théâtre classique, peut-être même pour les Grecs, pourtant assez indifférents aux choses de la Bible[1]. » La description que fait l'auteur de la victoire des Hébreux sur les Égyptiens dans la mer Rouge rappelle la victoire des Grecs sur les Perses dans la bataille de Salamine.

1. A. M. Denis, *Les Auteurs littéraires judéo-hellénistiques*, *op. cit.*, pp. 1201-1216.

L'idée de faire raconter par un messager la victoire des Hébreux a été depuis longtemps interprétée comme un souvenir des *Perses* d'Eschyle[1]. Barclay commente très justement que l'auditoire ne se sentait probablement pas visé par cette attaque contre les Égyptiens, parce que ceux qui étaient au théâtre considéraient sans doute qu'ils appartenaient à une élite à part.

Au Ier siècle, Philon d'Alexandrie trouve en Moïse l'expression de la sagesse divine. Le personnage biblique est central dans l'imagination de Philon qui est, plus que quiconque parmi les Alexandrins, redevable d'une exégèse créatrice de symboles. Son traité sur la *Vie de Moïse* est presque un roman historique dont il nous dit avoir puisé les éléments tout à la fois dans les livres saints et « chez les anciens de notre nation », c'est-à-dire les traditions orales. Voici comment il voit Moïse, chef du peuple : « Il reçut le commandement et l'autorité royale non pas comme font quelques-uns qui se poussent au pouvoir par les armes, les intrigues, en s'appuyant sur les forces de cavalerie, d'infanterie et de marine. Il les reçut

1. Éd. des Places, p. 301 note 6 ; voir Th. REINACH, *REJ*, 46, 1903, pp. 67-68, vers 193.

pour son mérite, pour sa valeur morale, pour cette bienveillance universelle qu'il montrait sans cesse. En outre, Dieu, qui aime la vertu et le bien, lui procura ainsi une récompense digne de lui. En effet, une fois qu'il eut renoncé au gouvernement de l'Égypte, bien qu'il fût le petit-fils du roi qui régnait alors, comme en raison des injustices commises à travers le pays il avait dit pour toujours adieu aux espérances qu'il avait du côté de ses parents adoptifs [...], Dieu jugea bon de lui donner en compensation la royauté d'une nation plus nombreuse et plus forte... » (I, 148-149).

Philon relate la marche des Hébreux à travers le désert. « Parmi eux qui sortirent du pays pour émigrer, il y avait ceux qui étaient arrivés à l'âge d'homme et qui dépassaient six cent mille ; puis, un second groupe formé des vieillards, des enfants, des femmes, difficile à dénombrer ; puis, une foule de gens mêlés, confondus, de serviteurs, qui les avaient accompagnés, comme des bâtards à la suite d'un grand nombre d'hommes de bonne naissance. Ces gens-là étaient soit les enfants nés de femmes égyptiennes unies à des Hébreux – ils s'étaient rangés du côté paternel –, soit tous ceux qui, par admiration pour la piété de ces hommes, s'étaient joints à eux ; et sans doute y en avait-il certains qui s'en allaient parce qu'ils avaient été rendus sages par la grandeur et le nombre des châtiments successifs» (I, 147). Ces gens, sous la conduite de Moïse, arrivèrent à la frontière «syro-phénicienne» dans la seconde année après leur départ d'Égypte. Quand ils auraient pu «entrer dans la jouissance des villes de Syrie et de leurs lots de terre», il se mirent à errer pendant trente-huit ans, inventant des itinéraires longs et impraticables, se fatiguant inutilement. C'est bien la pensée de Philon, qui voulait justifier la légende, incompréhensible pour quelqu'un qui connaissait la géographie, d'un exode de quarante ans. Pour fermer la parenthèse que le discours de Josué à Sichem avait ouverte en rappelant que la steppe d'Édom était propriété d'Ésaü (24, 2-13), Philon dit que le peuple qui habitait les régions frontières et le peuple hébreu étaient deux frères, «chacune des deux familles issues de ces ancêtres s'étendit jusqu'à constituer un peuple grand et nombreux; mais l'une de ces familles se plut dans le pays et l'autre, comme on l'a dit plus haut, ayant émigré en Égypte à cause d'une famine, n'en était revenue que plus tard» (I, 240). Quand ces deux peuples se rencontrèrent à nouveau, la vieille haine *(tèn palaian... echthran)* entre Ésaü et Jacob « rajeunit » *(ekainôsen)*. Voilà donc l'araméen errant qui d'une certaine manière, dans l'imagination de Philon, revient au point de départ.

Le cercle d'écrivains alexandrins, soucieux de dire leur mot sur les Juifs et leur expulsion, s'agrandit dans l'espace et dans le temps. Chærémon, philosophe stoïcien, directeur du musée d'Alexandrie, puis précepteur de l'empereur Néron, écrivit une version fantaisiste de l'Exode suivant de près le récit de Manéthon[1]. La thèse d'un pharaon qui expulsa les Hébreux afin de purifier le pays s'installa bel et bien dans l'Empire. Tacite s'en fit le porte-parole : au résumé qu'il donne des différentes versions de l'Exode, on peut ajouter sa remarque sur ce qui sépare les Hébreux des Égyptiens : « Alors que les Égyptiens adorent presque tous les animaux et les images taillées qu'ils en font, les Juifs ne conçoivent la divinité qu'en pensée et n'en admettent qu'une seule[2]. »

*

1. FLAVIUS JOSÈPHE, *Contre Apion*, I, 293-303, Th. Reinach et L. Blum (éd.), Paris, Les Belles Lettres, CUF, p. 54, n. 3.

2. TACITE, *Histoires*, V, 5, 4 ; cf. J. ASSMANN, *Moïse l'Égyptien*, *op. cit.*, p. 71, n. 41.

Les contradictions qu'on trouve dans les textes bibliques et non bibliques sur la sortie des Hébreux d'Égypte m'ont poussé à regarder ce qu'on sait d'une autre expulsion, celle des Juifs d'Espagne et du Portugal, expulsion fameuse dans l'histoire de l'Europe. Je trouve certaines ressemblances entre le départ des Hébreux d'Égypte et l'expulsion des Juifs de ces deux pays. La même confusion et les mêmes hésitations de la part de la Cour, les mêmes inconséquences. Notons le premier chapitre de l'Exode : l'arrivée d'un pharaon qui ne connaissait pas Joseph fut à l'origine du malheur des Hébreux ; le pharaon redoutait l'accroissement de la population juive. Jusqu'en 1492, l'année de la conquête de Grenade par les Rois catholiques, la royauté et l'aristocratie espagnoles n'avaient pas été hostiles aux Juifs, bien au contraire ceux-ci comptaient dans la vie du pays ne serait-ce que parce qu'ils maintenaient l'équilibre entre musulmans et chrétiens. Cependant, le peuple n'accepta pas facilement leur position privilégiée auprès du pouvoir. La situation change après la conquête de Grenade parce que les Rois Catholiques veulent unifier religieusement le pays, droit que même les écrivains juifs exilés ne remettent pas en question, parce que le roi est souverain et possède la terre et peut donner ou enlever la permission de l'habiter[1]. Ce fut probablement Isabelle et non pas Ferdinand qui força l'expulsion des Juifs, c'est-à-dire de ceux qui ne s'étaient pas convertis, la raison étant que tant qu'il subsisterait des Juifs pratiquants autorisés à vivre aux côtés des marranes, le judaïsme clandestin perdurerait. L'ordonnance signée par les Rois Catholiques donnait à tous les Juifs le choix entre l'expulsion et la conversion. Le nombre de ceux qui partirent est estimé entre 80 000 et 120 000. Beaucoup franchirent la frontière de Portugal où le roi Jean II leur offrit asile moyennant un paiement.

La politique des rois du Portugal a été diversement commentée par les historiens ; ici, un résumé sera suffisant. La peste se déclara à Lisbonne en octobre 1505, et aux horreurs de l'épidémie vinrent s'ajouter les souffrances causées par la sécheresse et la famine. La découverte occasionnelle d'une célébration pascale secrète des marranes le 17 avril 1506 ne fit que jeter de l'huile sur une situation déjà incandescente. Au massacre qui s'ensuivit participèrent aussi

1. Y. H. Yerushalmi, *Sefardica*, Paris, Chandeigne, 1998, pp. 99 et 316.

les paysans qui prêtèrent leur aide aux gens de la ville pour chercher les nouveaux chrétiens. La réaction du roi contre les responsables de ces crimes fut intense. La punition du roi Don Manuel tomba sur la ville elle-même et il lui enleva ses privilèges. Plus tard, le roi permit aux nouveaux chrétiens de quitter le pays. Le roi, qui avait forcé les Juifs à se convertir en 1497, décida, en 1507, de s'en débarrasser autant que possible, mais beaucoup voulurent rester. Quelques années plus tard, le roi pensa que sa politique de relative tolérance avait été un échec et décida d'établir l'Inquisition.

L'exode des Juifs espagnols vers le Portugal, leur conversion forcée suivie peu de temps après d'un ordre d'expulsion complètent l'image du judaïsme de la péninsule. L'accomplissement de cette vaste opération, qui dura presque cent ans en se développant de manière différente selon les lieux et les années, ne peut pas être simplement décrite comme l'expulsion des Juifs de la péninsule. Les témoignages rassemblés par Yerushalmi montrent que, quelques années seulement après que l'expulsion ait eu lieu, elle n'était pas racontée ainsi par les Juifs. Plus d'un Juif dut être d'accord avec le rabbin Eli Capsali de Crète sur le fait que le roi Manuel de Portugal s'était conduit comme un pharaon. L'épithète d'impurs, que les Égyptiens réservèrent aux non-Égyptiens et en particulier aux Juifs, rappelle le titre de « marranes » et l'obsession pour la pureté du sang qui allait conditionner l'octroi d'une fonction à la Cour, à l'Université et dans l'Église.

L'Exode de Spinoza

À propos du chemin qui menait vers la Terre promise et du rassemblement de tribus sous l'autorité de Moïse, Spinoza fait des remarques dans son *Traité théologico-politique* qui nous intéressent ici, des remarques qui, d'ailleurs, ne semblent pas impliquer l'acceptation de l'historicité de l'épisode raconté par l'Exode. Selon lui, le départ d'Égypte a été pour les Hébreux l'occasion de se trouver une cohérence et une puissance politiques.

Spinoza attache une grande importance au droit naturel, à ce que l'homme-individu peut faire et penser, et il croit que c'est pendant la période de l'exode à travers le désert que la notion de l'État hébreu est née. Le chapitre 18 de livre de l'Exode relate, en effet, comment Moïse suivant le conseil de son beau-père associa des chefs à sa fonction de juge. Le Deutéronome 17, 9 et 14 sacralisa cette création de Moïse en adjoignant au juge le prêtre lévite. La loi est ainsi dans les mains du lévite, du prophète et, plus tard, du roi. « Lorsqu'ils sortirent d'Égypte, écrit Spinoza, ils n'étaient plus soumis au Droit d'une autre nation et il leur était donc permis de mettre en vigueur de nouvelles lois à leur guise, c'est-à-dire d'instituer de nouvelles règles de droit, d'établir leur pouvoir partout où ils le voudraient et d'occuper les terres qu'ils voudraient[1]. » Les Hébreux, à un certain moment de leur histoire, avant d'arriver en Canaan, renoncèrent à leur droit naturel et, selon l'Exode 24, 7, le transférèrent à Dieu. C'est à partir de ce moment-là que Moïse devint l'interprète de la parole divine. « La nature ne crée pas de nations : elle crée des individus qui ne se distinguent en nations que par la différence des langues, des lois et des mœurs reçues ; seules ces deux dernières, les lois et les mœurs, peuvent faire que chaque nation ait une complexion particulière, une situation particulière et enfin des préjugés particuliers. » Selon Spinoza, le droit de l'État

1. SPINOZA, *Tractatus theologico-politicus*, *op. cit.*, chap. V, 10, p. 223, et XVII, 7-9, pp. 545-549.

hébreu peut être appelé très proprement « droit et commandements de Dieu », et il continue : « Les dogmes de la religion n'étaient pas des enseignements, mais des commandements et des règles de droit ; on estimait que la piété, c'était la justice ; l'impiété, l'injustice et le crime ; qui abandonnait la religion cessait d'être citoyen et, par cela seul, était tenu pour ennemi ; qui mourait pour la religion était réputé mourir pour la patrie ; d'une façon générale donc, Droit de la Cité et religion n'étaient rigoureusement pas distingués. »

Le chapitre XVII du *Traité* nous informe doublement : d'abord, que cette religion d'État dont parle Spinoza se différencie, par principe, de l'enseignement moral du christianisme qui est détaché, comme l'a bien vu Zac, « de toute exigence politique particulière, car, contrairement à Moïse, il a connu les commandements eux-mêmes non comme lois voulues par Dieu, mais comme des vérités éternelles connues adéquatement » – c'est un enseignement qui libère de la Loi mosaïque ; ensuite, que s'il faut distinguer les enseignements moraux des lois de l'État, on pourrait dénoncer « la subversion de l'éthique par le statutaire au sein de l'État des Hébreux », et tirer la conclusion que puisque toutes les ordonnances de la Torah sont des lois de l'État, depuis la disparition de l'État des Hébreux, les Juifs ne sont plus tenus par la loi mosaïque[1], c'est-à-dire qu'ils sont comme avant de prendre le chemin de l'Exode.

Cette transition de la vie en petits groupes à l'organisation assez lâche, vers une vie où le partage des responsabilités et la cohésion sont le but, me paraît fondamentale dans la pensée de Spinoza. Les réflexions de Spinoza invitent à regarder de près les problèmes des tribus, de leur errance dans le désert, de leurs contacts frustrés avec les villes, jusqu'au moment où ces tribus créent leurs propres centres que l'on pourrait qualifier d'« urbains[2] ». Archéologues et historiens d'Israël ont pensé que l'histoire de l'ancien Israël pouvait être résumée en disant qu'Israël alla du semi-nomadisme à la monarchie. Palmyre, à la fin de l'époque hellénistique, pourrait aussi être un bon exemple de ce passage de la vie dispersée de diverses tribus à une certaine notion d'État, d'autant plus que la consécration du temple de Bel au Ier siècle de notre ère symbolisa, d'une certaine manière, l'union officielle des dieux des différentes tribus

1. S. ZAC, *Philosophie...*, *op. cit.*, pp. 148-149.

2. SPINOZA, *Tractatus theologico-politicus*, *op. cit.*, chap. XVII, 14, p. 559.

habitant Palmyre à ce moment-là[1]. Spinoza semble souscrire à cette vision évolutionniste de la société ancienne.

Toutefois, on peut aller plus loin si l'on pense à la thèse de Spinoza que les Hébreux, encore semi-nomades sous Moïse, avaient déjà pris conscience de leur cohésion nationale bien avant l'installation en Terre promise : leur État aurait été créé pendant l'Exode. La ville, le territoire dont on est propriétaire, la sédentarisation ne sont donc pas des conditions indispensables pour qu'un groupe humain puisse devenir un État. La thèse de Spinoza n'est pas sans intérêt : elle recoupe ce qu'on sait des groupes araméens vers la fin du IIe millénaire et pendant les premiers siècles du Ier millénaire, quand des tribus araméennes aux abords de l'Euphrate se sont maintenues libres de mouvement et sans doute autonomes, entre la cohésion pendant une saison et la dispersion pendant une autre[2]. On peut également penser aux Arabes nabatéens qui, vers la fin du Ier millénaire avant notre ère,

---

1. J. TEIXIDOR, « Cultes tribaux et religion civique à Palmyre », dans *Revue de l'Histoire des religions*, 197, 1980, pp. 277-287.

2. M. LIVERANI, « "Half-Nomads" on the Middle Euphrates and the Concept of Dimorphic Society », dans *AoF*, 24, 1997, pp. 44-48.

en Syrie méridionale, en Transjordanie et dans l'Arabie du Nord, ont fait sentir leur puissance politique et commerciale d'abord auprès des Macédoniens conquérants puis des Romains. Les multiples inscriptions que les Nabatéens nous ont laissées témoignent d'une vie tribale qui n'était pas nécessairement organisée dans des espaces urbains. Il paraît impossible de déterminer s'il existait à Pétra, le principal foyer des Nabatéens, un schéma organisateur des quartiers de la ville ou si les maisons se sont développées au hasard. On ne sait pas si Pétra eut un gymnase, mais ni l'agora, ni le théâtre, ni l'architecture des temples et des tombes ne semblent avoir produit de changements dans les formes que l'on peut considérer typiques d'une culture ancestrale : l'espace de l'habitat, l'espace cultuel et l'espace funéraire ne se distinguent pas aussi nettement que dans le domaine gréco-romain[1].

Le fait que les tribus des Hébreux, dans la reconstruction que Spinoza veut faire de l'Exode, aient créé un vrai État chemin faisant vers la Terre promise, donne à ce même Exode

1. Voir J.-M. DENTZER et F. ZAYADINE, « L'espace urbain de Pétra », dans *Studies on the History and Archaeology of Jordan*, IV, Department of Antiquities, Amman et Maison de l'Orient, Lyon, 1992, pp. 233-251.

la dimension d'un récit de fondation. En marge de toute considération historique, le livre de l'Exode et le livre de Josué qui le continue, écrits quand les Hébreux étaient à peine sortis de l'exil au VIe siècle, fournissent les éléments nécessaires à la création d'un passé lointain qui, toujours remémoré, devra leur donner une raison d'être dans un espace et dans un temps historiques. La thèse de Spinoza signifie que l'idée d'État est préalable à la conquête du territoire et que c'est cette institution étatique qu'on instaure sur le territoire conquis. Le conquérant arrive donc en connaissant à l'avance ce qui sera son futur. Après la mort de Moïse, ce fut Josué qui assura la continuité de l'État. Yahvé, en effet, dit à Josué qu'Il serait avec lui comme Il avait été avec Moïse, et quand les Hébreux arrivèrent au Jourdain, le scénario pour la transmission du pouvoir était prêt : ils allaient vivre à nouveau l'expérience qu'ils avaient vécue devant la mer à la sortie d'Égypte. Le texte dit : « Dès que les porteurs de l'arche furent arrivés au Jourdain et que les pieds de ces prêtres touchèrent les eaux [or le Jourdain déborde tout le long de ses rives pendant toute la durée de la moisson], les eaux d'amont s'arrêtèrent et formèrent un seul monceau sur une grande distance, tandis que les eaux descendant vers la mer de la Araba, ou mer salée, achevaient de s'écouler ; le peuple traversa vis-à-vis de Jéricho. Les prêtres qui portaient l'arche de l'alliance de Yahvé se tinrent à sec, immobiles, au milieu du Jourdain, et tout Israël passait à sec, jusqu'à ce que la totalité de la nation eût achevé de traverser le fleuve », puis « les eaux du Jourdain revinrent dans leur lit et se mirent comme auparavant à couler à pleins bords ». Le texte dit bien qu'« en ce jour-là, Yahvé grandit Josué aux yeux de tout Israël, qui l'honora comme il avait honoré Moïse sa vie durant » (4, 14). D'accord avec le texte biblique, Spinoza peut souligner que Josué ne négligea rien de ce que Moïse avait prescrit.

Conclusion :
la conquête en question

Le thème de la conquête militaire de Canaan, la Terre promise, qui constitue le troisième élément du credo historique du Deutéronome 26, 5-9, découle du séjour de ces Araméens/Hébreux en Égypte et, surtout, d'un départ forcé qui souligne, certes, la violence de l'expulsion mais, en même temps, le bonheur de savoir que tout se passe comme prévu depuis l'époque d'Abraham. C'est un épisode que l'auteur biblique a voulu transformer en épopée nationale. Or, le récit de l'Exode suivi de celui de Josué constituent un texte idéal, dont la réalité historique est bien mise en question aujourd'hui. Les recherches archéologiques récentes n'ont révélé en Palestine aucune trace de destruction ou de changement social violent à la fin du IIe millénaire avant notre ère, une absence difficile à concilier avec le récit de conquête qu'on lit dans le livre de Josué. Les changements, détectés par les archéologues à l'intérieur des populations cananéennes, vivant dans les montagnes ou dans la plaine, ne furent donc la conséquence d'aucune invasion ennemie, comme aurait pu l'être celle des Hébreux d'Égypte décrite par le livre biblique, mais la conséquence des bouleversements sociaux qui se produisirent chez les autochtones, pasteurs et agriculteurs, dus aux avatars de l'histoire politique ou du climat. Finkelstein et Silberman ont bien montré que la plupart des populations qui constituaient l'ancien Israël furent les gens du pays, les mêmes gens qui étaient là au IIe et au Ier millénaire avant notre ère. Le peuple qui allait être Israël était déjà là[1]. Ces autochtones deviendront peu à peu les Israéliens. Rappelons-nous que la nature ne crée pas de nations, mais des individus qui vont se différencier, comme dit Spinoza, par leurs langues, leurs lois et leurs mœurs.

Regardons quelques textes. À la frontière orientale de l'Égypte, dans le sud de la Palestine et de la Transjordanie, se trouve le domaine

1. I. FINKELSTEIN et N. A. SILBERMAN, *La Bible dévoilée. Les nouvelles révélations de l'archéologie*, trad. fr. P. Ghirardi, Paris, Bayard, 2002.

où maraudaient les Bédouins Shasu, considérés par les Égyptiens comme des vagabonds peu fiables. Ces Bédouins sont des ouest-sémites, et non pas des Arabes. Au XVe siècle avant notre ère, il y a une concentration de Shasu au sud de la Transjordanie, dans les plaines de Moab et d'Édom. Il est vraisemblable que les Qénites et les Madianites, des prédécesseurs d'Israël selon le texte biblique[1], aient été désignés sous le nom générique de Shasu et que les Égyptiens les aient distingués seulement d'après leur territoire de pâturage. Jean Yoyotte pense que les Shasu, d'après l'analyse des tableaux illustrant la campagne de Merneptah, ne doivent pas être identifiés avec les Hébreux. Il se peut, néanmoins, que ces derniers aient fait jadis partie de ces Bédouins pour s'en différencier par la suite. Quoi qu'il en soit, tous ces groupes étaient sous l'influence culturelle des peuples habitant la Syro-Phénicie. La même écriture araméenne (dérivée de la phénicienne) sera utilisée à partir du IXe siècle par les uns et par les autres, leurs langues développant aussitôt des différences morphologiques et lexicales,

1. Moïse s'enfuit loin de lui et se rendit chez les Madianites ; il épousa Çippora, la fille du prêtre local, Exode 2,15. Selon Juges 1, 16, le beau-père de Moïse était un Qénite.

ce qui permet de distinguer aujourd'hui des peuples parlant l'hébreu, l'araméen ou le moabite. D'Édom, territoire des Shasu s'il en fut, provient un ensemble significatif mais trop fragmentaire d'inscriptions araméennes – empreintes sur céramique, sceaux, ostraca et quelques bribes d'inscriptions sur pierre –, qui datent de la fin du VIIIe ou du VIIe siècle.

La mobilité des Shasu était très grande ; ils représentaient une menace pour le corridor commercial et militaire que l'Égypte voulait maintenir vers le nord. Redford parle de ces Shasu comme d'une épine, d'une plaie de la vie politique des pharaons[1]. Toutefois, la présence de l'Égypte au sud de la Palestine dans la deuxième moitié du IIe millénaire fut forte et constante. Gaza avait été annexée comme possession personnelle du pharaon. Jaffa connut le même sort et des greniers royaux y furent établis. Les villes du lac de Tibériade que Thoutmosis III avait conquises lors de la bataille de Megiddo, il les donna au temple d'Amon de Karnak et, sous Ramsès III, presque trois siècles plus tard, ce sanctuaire touchait encore les revenus de neuf villes de la Palestine. Au

1. D. REDFORD, *Egypt, Canaan and Israel in Ancient Times*, *op. cit.*, p. 273.

nord, Jérusalem et Sichem étaient soignées par les Égyptiens en raison de leur position géographique sur la route commerciale. Le contrôle des collines de Juda fut un souci permanent de l'Égypte, comme le montrent les lettres d'El-Amarna du XIVe siècle[1]. Les roitelets de la Palestine, auteurs de ces lettres qui étaient toutes adressées aux pharaons, renseignaient régulièrement l'administration égyptienne sur l'état de la région. À l'intérieur du pays, la grande base militaire fut Megiddo puis Beth-Shean, où une garnison resta jusqu'à la fin de la domination égyptienne. La documentation archéologique obtenue dans les plus récentes fouilles conduites en Israël, montre que Ramsès III fut un monarque actif en Palestine et que son administration pratiqua une politique annexionniste.

La mention d'Israël apparaît dans une stèle du pharaon Merneptah (vers 1220). À propos de la campagne égyptienne en Palestine dirigée contre Askhelon, Gezer et Yeno'am, trois lieux mentionnés comme des villes, ce texte cite un groupe politique du nom d'Israël qui semble

1. W. L. MORAN, « Les lettres d'El-Amarna. Correspondance diplomatique du pharaon », dans *Littératures anciennes du Proche-Orient*, 13, Paris, Cerf, 1987.

être mentionné comme peuple, mais le texte ne nous dit pas si ce groupe était arrivé de l'extérieur ou s'il avait acquis son autonomie face à d'autres groupes. À la fin du XIIIe siècle avant notre ère, c'est-à-dire à l'époque où la stèle de Merneptah fut écrite, le papyrus Anastasi I mentionne « les montagnes de Sichem » qui constituent le centre géographique de la Palestine[1]. Le texte cite aussi Megiddo, Beth-Shean et se pose la question de comment traverser le Jourdain. L'absence du nom d'Israël dans ce document égyptien enlève à la stèle de Merneptah beaucoup de son intérêt historique : les Égyptiens semblent ne pas attribuer à Israël un lieu précis sur la côte asiatique.

Le texte de Josué (3.10) dit que Yahvé pour laisser la place aux Hébreux avait chassé sept peuples qui habitaient la Terre promise : deux autochtones, les Cananéens et les Amorites, et cinq, venus du nord, les Hittites, les Hivites, les Perizzites, les Girgashites et les Jébuséens. La présence de Hittites est bien attestée : on nous dit que la femme d'Esaü était hittite (Genèse 23), deux serviteurs de David l'étaient aussi (I Samuel 26, 6 et II Samuel 11, 23).

---

1. J. B. PRITCHARD (éd.), *Ancient Near Eastern Texts..., op. cit.*, p. 477.

Les Hivites étaient de Que (Cilicie), c'est-à-dire de Huwe ; les Perizzites sont d'origine inconnue ; les Girgashites venaient de Karkisha, en Anatolie occidentale ; les Jébuséens étaient les Hittites qui s'étaient établis à Jérusalem. L'auteur biblique a oublié dans sa liste les Égyptiens dont la présence en Canaan aux XIIIe et XIIe siècles était notable, comme on vient de le voir, et les Hurrites, des omissions qui nous montrent bien la confusion existant dans les traditions qui étaient en jeu dans la mémoire collective du peuple hébreu à l'époque post-exilique. Dans l'état actuel de nos connaissances, ce que nous pouvons dire, c'est que tous ces peuples étaient arrivés du nord, longtemps sous le contrôle hittite, sans qu'on puisse préciser quand ils s'installèrent dans le pays. Les Amorites/Araméens occupaient de longue date les terres de Syrie et de la Palestine. Le verset du prophète Ézéchiel sur Jérusalem résume bien cet état de choses : « Par ton origine et par ta naissance, tu es du pays de Canaan. Ton père était amorite et ta mère hittite[1]. » Il faut donc bien distinguer ce que le

1. N. NA'AMAN, « The Conquest of Canaan », dans I. Finkelstein et N. Na'aman (éd.), *From Nomadism to Monarchy. Archaeological and Historical Aspects of Early Israel*, Jérusalem, Isr. Expl. Soc., 1994, pp. 231-281.

rédacteur sait être la réalité : villes, pays, peuples, de ce qu'il sait d'après certaines traditions : Hivites, Cananéens, Amorites.

Notre connaissance du monde oriental ancien est fondée sur deux domaines de recherche : les fouilles archéologiques avec l'analyse, le classement et l'étude de monuments et d'objets de toute sorte, et les textes littéraires ou épigraphiques. Les trouvailles archéologiques des dernières années ont considérablement accru nos connaissances sur l'histoire de l'Asie occidentale, une histoire qui nous révèle peu à peu la cohésion culturelle des institutions politiques et religieuses de maintes populations sémites. Le corpus des textes anciens est important, et il ne cesse d'augmenter. Regardés de près, en tenant compte des recherches faites sur le terrain mais aussi du réexamen de documents connus depuis longtemps, ces textes permettent d'expliquer de manière plus précise, et cohérente, certains livres de l'Ancien Testament. Une meilleure analyse des sources littéraires peut, en effet, éclairer d'une lumière nouvelle la vie et les œuvres des personnages bibliques. Nous possédons aujourd'hui, peut-être plus que jamais, le sens de ce qui est vraisemblable ; les orientalistes ne pourront peut-être pas toujours dire ce qui se passait, mais ils savent souvent ce qui n'a pas pu se passer. Dans le passage du Deutéronome que j'ai appelé le « credo historique », le deuxième élément, le séjour en Égypte, a été étudié ici d'après des documents épigraphiques et littéraires des VIIe, VIe et Ve siècles concernant les Judéens d'Égypte ; c'est dans le milieu dont ils émanent qu'a pu naître l'écriture de l'Exode, qui est une épopée nationale et non pas un document historique. En ce qui concerne le troisième élément de ce « credo », la conquête de Canaan, il faut s'en tenir résolument aux recherches archéologiques actuelles qui mettent sérieusement en question cet épisode. Après l'exil, il fallait trouver dans la tradition l'explication du présent, un présent politique, voire religieux, et en imaginant qu'il y avait eu une victoire sur les habitants de Canaan, on donnait une réalité aux promesses faites par Yahvé à son peuple. Même si la conquête n'avait pas eu lieu, l'élément du credo récité dans la liturgie remplirait toujours pour le croyant sa fonction de garant de l'aide divine.

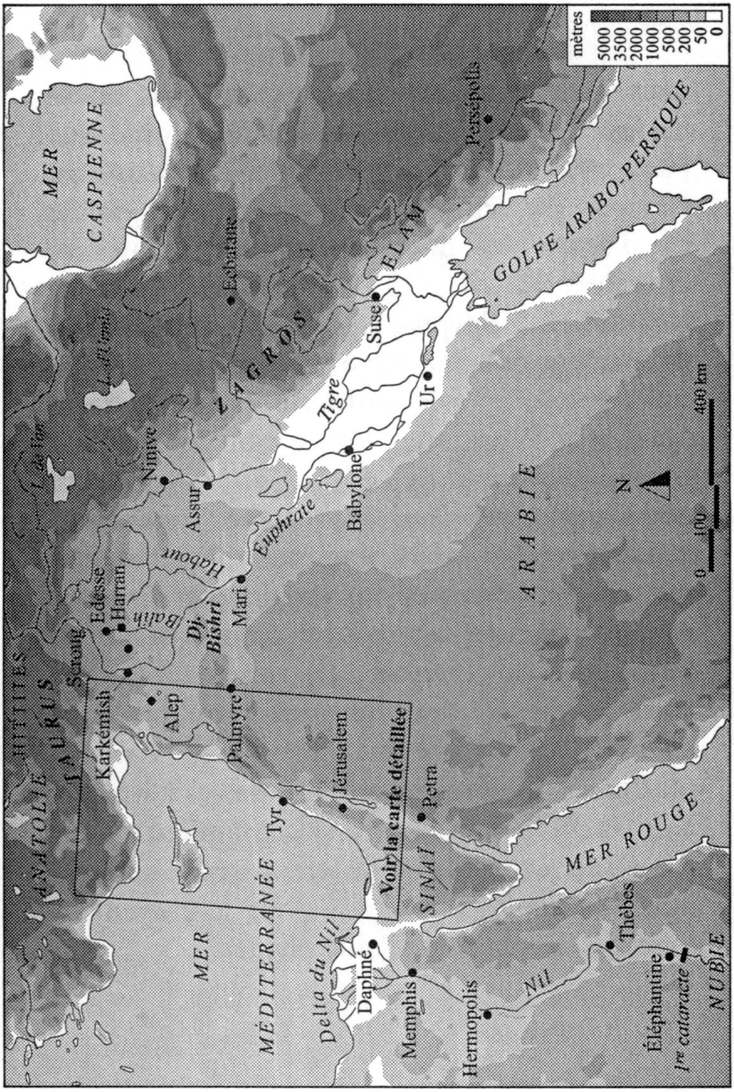

LE PROCHE-ORIENT ANCIEN

(Carte Javier Teixidor et Martin Sauvage)

LE PROCHE-ORIENT ANCIEN *(détail)*
(Carte Javier Teixidor et Martin Sauvage)

Table

Le flashage de cet ouvrage
*a été réalisé par l'***Imprimerie Bussière**
l'impression et le brochage ont été effectués
sur presse Cameron dans les ateliers
de **Bussière Camedan Imprimeries**
à Saint-Amand-Montrond (Cher),
pour le compte des Éditions Albin Michel.

Achevé d'imprimer en mars 2003.
N° d'édition : 21471. N° d'impression : 031440/1.
Dépôt légal : avril 2003.
Imprimé en France